Na vida dez,
na escola zero

Obra em conformidade ao NOVO ACORDO da Língua Portuguesa

Dados Internacionais de Catalogação na Publicação (CIP)
(Câmara Brasileira do Livro, SP, Brasil)

Carraher, Terezinha Nunes
Na vida dez, na escola zero / Terezinha Nunes, David Carraher, Analucia Schleimann. – 16. ed. – São Paulo : Cortez, 2011.

Bibliografia.
ISBN 978-85-249-1801-8

1. Matemática – Aspectos psicológicos 2. Matemática – Estudo e ensino I. Carraher, David. II. Schliemann, Analucia. III. Título.

11-07282 CDD-370.156
-510.7

Índices para catálogo sistemático:

1. Aprendizagem em matemática : Psicologia educacional 370.156
2. Matemática : Aspectos psicológicos : Educação 370.156
3. Matemática : Ensino 510.7

Terezinha Nunes
David Carraher • Analúcia Schliemann

Na vida dez, na escola zero

16ª edição
— 2011 —
4ª reimpressão

CORTEZ EDITORA

NA VIDA DEZ, NA ESCOLA ZERO
Terezinha Nunes • David Carraher • Analucia Schliemann

Capa: Cia. de Desenho
Preparação de originais: Solange Martins
Revisão: Maria de Lourdes de Almeida
Composição: Linea Editora Ltda.
Coordenação editorial: Danilo A. Q. Morales

Direitos para esta edição
CORTEZ EDITORA
Rua Monte Alegre, 1074 – Perdizes
05014-001 – São Paulo – SP
Tel.: (11) 3864-0111 Fax: (11) 3864-4290
e-mail: cortez@cortezeditora.com.br
www.cortezeditora.com.br

Impresso na Índia — janeiro de 2015

Sumário

Apresentação à 16ª edição

Nesta apresentação da nova edição de *Na vida dez, na escola zero*, considero o impacto desses estudos ao longo dos vinte e tantos anos desde sua primeira edição e levanto questões que ainda estão por estudar. Espero que essas questões sirvam de inspiração para pesquisadores jovens, interessados na Matemática da vida. A publicação original desta coletânea de estudos foi em português; posteriormente, o livro foi traduzido para o espanhol, e uma versão ampliada apareceu em 1993, em inglês, com o título *Street Mathematics, School Mathematics*. Embora seja possível usar dados quantitativos para avaliar o impacto desses estudos, como o número de citações de diversas das nossas publicações, principalmente das publicações em inglês, esses dados não contariam a história do impacto dos resultados relatados neste livro, nem o pensamento dos pesquisadores interessados na cognição e na educação matemática, entre os quais me incluo, nem o modo de pensar dos professores em relação a seus alunos.

Nossas inquietações iniciais estão bem descritas no livro.[1] Buscávamos, naquela época, uma forma de entender a diferença entre as

1. Nesta apresentação, uso o plural quando me refiro aos trabalhos descritos neste livro e o singular quando me refiro às minhas reflexões posteriores, que não são necessariamente compartilhadas por David e Analúcia. Eles não são, portanto, responsáveis pelo conteúdo dessa apresentação. Agradeço a ambos a contribuição enviada como descrição do impacto desses estudos sobre seus trabalhos atuais, que aparece na apresentação do tema da Matemática da vida à Álgebra.

habilidades matemáticas claramente demonstradas por jovens da camada popular em suas atividades diárias e seu aparente fracasso na escola. Buscávamos métodos de investigação que nos ajudassem a descrever essa situação, bem como teorias que nos ajudassem a compreendê-la. Gostaríamos de ter algo a dizer aos pesquisadores e, especialmente, aos professores e aos planejadores do currículo e da educação em geral, mas não sabíamos ainda o que queríamos dizer. Lembro-me de uma frase que o professor Ubiratan D'Ambrosio me disse naquela época, uma frase de um poeta, cujo nome não me lembro mais, a qual me fez, e ainda faz, pensar: o caminho se faz ao caminhar. Depois de tanto caminhar, ouso olhar para trás e refletir sobre o caminho traçado desde a publicação destes estudos, e organizo estas reflexões em temas.

Quantidades e números

A diferença entre quantidades e números é um tema que exploramos repetidamente na comparação entre a Matemática na rua e na escola. Os números são usados para representar quantidades — por exemplo, na expressão "cinco abacates", o número cinco representa a quantidade de abacates. Mas podemos pensar sobre quantidades sem usar números: por exemplo, se Paulo é maior do que João e João é maior do que Pedro, podemos concluir que Paulo é maior do que Pedro, sem saber qual é a altura de cada um.

Existem ocasiões em que podemos usar nosso raciocínio sobre quantidades para verificar se nossas operações com números estão corretas. Ronaldo, cujo raciocínio descrevemos no capítulo 3, fez exatamente isso. Ao subtrair 35 de 200, Ronaldo obteve inicialmente o resultado 200. Quando lhe perguntamos se estava certa sua conta, ele não hesitou: "*Não. Então você compra uma coisa, e ela custa trinta e cinco, você paga com uma nota de duzentos, e eu lhe devolvo os duzentos?*" Creio que a maioria dos professores gostaria que seus alunos tivessem o bom-senso de Ronaldo: ao terminar de fazer uma conta, refletissem sobre as quantidades no problema para avaliar a solução. Um bom-senso sobre as relações entre quantidades pode ajudar muito na resolução de problemas.

No entanto, os números têm significado independentemente de representarem quantidades específicas, simplesmente em consequência de sua definição no sistema numérico do qual fazem parte. Cinco é um número maior do que dois, independentemente de seu uso para representar uma quantidade de frutas, ou dinheiro ou o tamanho de objetos em centímetros. Cinco é um número maior do que dois devido à sua posição no sistema de contagem. O significado dos números, quando considerados sem referência a quantidades, é dado pelo sistema de numeração, que é convencional. Em português o número cinco tem, por definição, alguns significados: por exemplo, é igual a 4 + 1, ou 3 + 2. Esse significado é convencional, mas não é arbitrário: cinco é igual a 4 + 1 porque o número cinco no sistema de contagem é o primeiro depois do quatro, e é igual a 3 + 2 porque vem dois lugares depois do número três.

Nossos estudos da Matemática na vida diária se referem a números que representam quantidades. Por isso Ronaldo e tantos outros dos participantes de nossos estudos puderam verificar se fizeram a conta certa raciocinando sobre quantidades. O que os estudos sugerem é que os alunos que aprendem Matemática informalmente, na prática de atividades diversas, têm uma excelente habilidade ao pensar sobre quantidades. Essa habilidade poderia ser aproveitada na sala de aula, mas algumas vezes temos dificuldade em perceber sua existência porque esperamos que os alunos só saibam pensar sobre quantidades se souberem pensar sobre números. Devido a essa expectativa, não lhes damos a oportunidade de demonstrar seu conhecimento matemático.

Para alguns, essa questão poderia ser vista como a pergunta: o que vem primeiro, o ovo ou a galinha? Para representar quantidades, usamos números, e para entender os números, precisamos pensar sobre quantidades. O que vem primeiro? Diferentemente do ovo e da galinha, as ideias iniciais de quantidade se desenvolvem primeiro, mas, ao aprender mais sobre números, as crianças ampliam sua compreensão de quantidades. Nossos estudos certamente mostraram que as crianças e adultos que aprenderam Matemática fora da escola tinham uma excelente compreensão de quantidades e que as representavam por números sem nenhuma dificuldade. No entanto, ao tentar manipular números sem fazer referência a quantidades, essas crianças nem sempre tinham o mesmo grau de sucesso, e ainda deveriam melhorar sua compreensão dos números e das relações entre eles.

Estudos feitos por Martin Hughes convergem com nossos resultados. Hughes (1981) perguntou a crianças de três e de quatro anos de idade: "*Se eu colocasse um tijolinho nessa caixa, e depois colocasse dois tijolinhos, quantos tijolinhos haveria dentro da caixa?*" Embora as crianças fossem tão novinhas, e não tivessem aprendido a fazer conta na escola, aproximadamente um terço delas (35%) respondeu corretamente. Em contraste, quando ele perguntou às mesmas crianças "*Quanto é um mais dois?*", uma percentagem bem menor (8%) foi capaz de responder corretamente. Em um trabalho recente discutimos a questão da diferença entre números e quantidades e a origem da compreensão de números, num nível de detalhe que não pode ser apresentado aqui (disponível em: <www.nuffieldfoundation.org/fileLibrary/pdf/P1.pdf> e <www.nuffieldfoundation.org/fileLibrary/pdf/P2.pdf>), mas que talvez seja de interesse para o leitor.

A necessidade de se distinguir entre quantidades e números tem recebido progressivamente mais atenção entre pesquisadores em educação matemática (ver, por exemplo, Nunes et al., 2011; Thompson, 1993). A interpretação do que significa essa diferença entre compreender quantidades e compreender números difere nas várias teorias sobre a origem da compreensão dos números. Porém, embora não exista consenso quanto à explicação da compreensão dos números, existe uma convergência de resultados que não pode ser negada: a compreensão das quantidades precede a compreensão dos números.

O significado desses resultados é explorado na sala de aula pelos pesquisadores do Instituto Freudenthal, que sugerem que o ensino da Matemática no nível fundamental deve ser feito a partir da compreensão das quantidades que a criança vai desenvolvendo, espontaneamente ou em virtude do ensino na escola. O programa de ensino de vários conceitos, proposto pelos pesquisadores do Instituto Freudenthal, segue sempre a mesma linha: os alunos são estimulados a refletir sobre quantidades e a representá-las usando números. À medida que progridem em suas reflexões, o significado dos números vai se tornando mais claro. As propostas de Gravemeijer (1990; 1997) e Streefland (1985; 1997) sobre o ensino da divisão, das frações e das proporções seguem claramente essas direções. Os trabalhos de Gravemeijer e Streefland não são uma consequência de nossos estudos; foram inspirados nas ideias de Freudenthal. Mas os estudos sobre a Matemática da vida feitos no Brasil e as propostas de ensino desses pesquisadores estão em sintonia e reforçaram-se mutuamente ao longo das décadas de 1980 e 1990.

Nos programas de ensino criados no Instituto Freudenthal, o desenvolvimento da compreensão dos números não termina com a análise das relações entre quantidades. A resolução de problemas sobre quantidades deve ser complementada por explorações de diagramas, gráficos e outras representações que permitam aos alunos discutir as relações entre números. Nossos estudos sobre a Matemática na vida diária não investigaram situações em que as relações entre números são analisadas, independentemente de quantidades. Seria interessante investigar se essas situações existem e o que os jovens e adultos aprendem a partir delas no dia a dia. Estudamos, por exemplo, o raciocínio de mestres de obras ao resolverem problemas sobre escalas mas não investigamos se o uso constante que fazem da trena tem alguma repercussão sobre sua compreensão de número.

A trena pode ser concebida como um instrumento de medida mas também como um modelo das relações entre números. Em colaboração com colegas ingleses (Nunes et al. 1993; 1995), tive a oportunidade de estudar as dificuldades de alunos do ensino fundamental em compreender as características da régua como representação numérica. Por exemplo, a contagem de objetos se faz a partir do número um, mas a régua começa a partir do zero; isso significa que há *insights* sobre números que poderiam ser facilitados pelo uso constante de instrumentos de medida linear na vida diária. Para os alunos, coordenar seu conhecimento de contagem com a régua não é uma questão trivial. Quando mostramos aos alunos uma figura de uma régua desenhada no papel e lhes pedimos que inserissem os números no desenho, exatamente como eles existem na régua, uma percentagem significativa não usou o zero, escrevendo o número um na posição normalmente ocupada pelo zero. Além disso, quando pedimos aos alunos que medissem fitas usando uma régua quebrada, que começava no número quatro, muitos alunos não perceberam que a relação entre o número na régua e a quantidade era problemática e liam o resultado sem se lembrar de que do valor lido deveriam subtrair quatro. Essas observações sugerem que a diferença entre contagem e representação numérica numa reta é problemática.

Infelizmente, nossos estudos da Matemática na vida diária não nos permitem dizer como essa diferença é concebida na prática ou se ela causa alguma dificuldade aos aprendizes de uma profissão em que a trena é um instrumento usado no dia a dia. Seria útil saber se a utilização constante de um instrumento que representa as relações numéricas e usa o zero, bem como representa divisões da unidade, tem alguma repercussão sobre a compreensão de relações numéricas dos usuários. Sem ter feito os estudos relevantes, minha hipótese é de que o uso constante da trena pode, de fato, melhorar a compreensão de inteiros e decimais dos usuários, mas estes precisam inicialmente resolver o problema da diferença entre contagem e representação da sequência numérica numa reta. Esse é um tema que mereceria investigação e que ainda está por estudar. A criatividade dos investigadores interessados nesse tema será necessária para que se apresente aos participantes situações que promovam o raciocínio e não sejam resolvidas por meio de rotinas. As conclusões de um estudo sobre essa questão poderiam inspirar professores que utilizam a reta numérica como representação das relações numéricas, tanto para inteiros como para frações decimais.

O raciocínio multiplicativo não pode ser reduzido a adições repetidas

Levei muitos anos para compreender as lições contidas em nossos estudos sobre a construção do raciocínio multiplicativo e a compreensão das proporções quando esses conceitos são aprendidos na prática. Em *Na vida dez, na escola zero*, a interpretação desse processo de construção existe apenas em forma embrionária. Analisamos cuidadosamente as transcrições de como as crianças e os adultos calculavam o resultado de multiplicações e divisões, e descrevemos seu procedimento como a heurística dos agrupamentos repetidos. José Geraldo, por exemplo, numa situação de venda, precisou resolver quanto dá 15 x 50, e o fez assim:

> "*Cinquenta, cem, cento e cinquenta, duzentos, duzentos e cinquenta.* (Enquanto dizia esses números, a criança marcava nos dedos de uma mão quantos cinquentas já haviam sido somados. Ao completar essa mão, ela continuou) *Duzentos e cinquenta. Quinhentos. Quinhentos e cinquenta, seiscentos, seiscentos e cinquenta, setecentos, setecentos e cinquenta*".

Nossa interpretação dessa solução do problema focalizou o fato de que José Geraldo construiu um primeiro agrupamento, com cinco cinquentas, repetiu esse agrupamento, formando dez cinquentas, e depois chegou aos quinze cinquentas adicionando cada cinquenta individualmente. Apontamos que cada dedo correspondia a um valor determinado pelos agrupamentos. Denominamos essa forma de encontrar o resultado de uma multiplicação como heurística, uma vez que não são seguidos passos previamente determinados, porque as crianças utilizam diferentes agrupamentos dependendo dos valores usados no problema. Outra criança, entrevistada na feira, vendia os limões a dois e cinquenta. Perguntamos qual era o preço de seis limões. O agrupamento repetido aqui foi: "*Quatro limões é dez e dois limões é 5. Então são quinze cruzeiros*".

Nossa análise naquele momento focalizou os princípios implicitamente aceitos como válidos pelos participantes ao solucionar as contas, que são denominados por Vergnaud (2009) "teoremas em ação". Nosso ponto de vista, o qual ainda é inteiramente válido, era que essas crianças demonstravam compreender a ideia de que a multiplicação é distributiva em relação à adição, uma vez que essa compreensão estava implícita na maneira como resolviam as contas. Essa é uma observação muito importante pois, como argumentamos, esse mesmo princípio é usado implicitamente na resolução de contas de multiplicar resolvidas pelo algoritmo ensinado na escola. De fato, na escola também fazemos a multiplicação por partes, e somamos os resultados parciais para chegar ao final. Por exemplo, quando multiplicamos 50 por 25, primeiro calculamos 50 × 5, depois 50 × 20, e em seguida adicionamos os dois resultados parciais.

Essa análise é perfeitamente válida e tem implicações educacionais importantes para o ensino da multiplicação, exploradas cuidadosamente no original. Mas somente mais tarde cheguei a compreender que ainda havia algo muito importante no comportamento das crianças e dos adultos quando resolviam esses problemas. Em alguns casos, chamamos as questões de problemas de multiplicação porque o preço da unidade (um limão custa dois e cinquenta) era conhecido de antemão. Outros problemas foram identificados como problemas de proporção, porque o valor unitário não era conhecido. Por exemplo, um dos problemas apresentados aos mestres de obra foi calcular o tamanho de uma parede a partir de sua medida na planta (8 cm), sabendo que outra parede de 2 metros media 5 cm na planta. Nesse caso, a escala usada no desenho não constitui um exemplo das escalas normalmente usadas, e o valor unitário não é apresentado. Um mestre de obras sem escolaridade resolveu a questão, explicando pacientemente para que eu pudesse compreender: "*Uma coisa eu tenho que explicar pra senhora. Essa não é uma escala que a gente trabalha com ela na construção. Essa a gente tem que dividir. Vamos pegar cinco centímetros aqui e aqui é dois metros. Eu acho que esse a senhora fez de propósito. Eu não acho que eles iam desenhar uma planta assim.* [...] *Um metro vale dois centímetros e meio. Aqui* (na planta) *está mostrando oito centímetros. Um metro, dois centímetros e meio. Dois metros, cinco centímetros* (marcando os centímetros na trena ao mesmo tempo em que conta os metros correspondentes; a trena está colocada sobre a planta.) *Três metros, sete e meio centímetros. Agora vinte e cinco dividido por cinco.* [...] *Se eu tenho, se eu tenho dois centímetros e meio valendo um metro, esse* (mostra 5 mm) *é esse* (mostra 2,5 cm) *dividido por cinco. Então é vinte centímetros de parede, aí eu somo, é três metros e vinte*".

O que me escapou naquela época foi a implicação dessas soluções com relação à origem do raciocínio multiplicativo, revelada nos comportamentos descritos acima. Ao solucionar os problemas, tanto as crianças como os adultos consistentemente estabeleciam correspondências entre as duas medidas (ou, de modo mais amplo, as duas variáveis) no problema. Alguns anos depois, ao reler inúmeras vezes as transcrições dessas soluções, compreendi o significado desse comportamento: a origem do raciocínio multiplicativo está no esquema de ação de correspondências. Esse *insight* levou-me a fazer inúmeras pesquisas com crianças que ainda não haviam aprendido a fazer conta de multiplicar e dividir na escola. Se a hipótese de que a origem do raciocínio multiplicativo está no esquema de correspondência, deveríamos encontrar um nível relativamente bom de sucesso em problemas multiplicativos entre crianças que ainda não tenham recebido instrução escolar mas sejam capazes de usar o esquema de correspondência. Segundo Piaget (1952), muitas crianças de cinco e seis anos já sabem estabelecer correspondências um-a-muitos e fazer inferências numéricas a partir dessas correspondências.

Essa hipótese levou à realização de muitos trabalhos, que foram relatados inicialmente em *Crianças fazendo Matemática* (Nunes e Bryant, 1996). O que observamos nesses estudos foi que, de fato, há uma percentagem significativa de crianças de cinco ou seis anos que resolve problemas de raciocínio multiplicativo corretamente, embora ainda não tenham aprendido a fazer conta de multiplicar ou de dividir. Vejamos um exemplo: em um dos estudos, demos às crianças objetos e figuras recortadas que elas podiam usar para auxiliá-las na solução. O problema era: Numa rua há três casinhas e em cada casinha moram quatro coelhos. Nós vamos colocar um bolinho de cenoura para cada coelho comer. Essas fichinhas são bolinhos de faz de conta. Coloque na caixa o número certo de bolinhos para que cada coelho que mora nessa rua ganhe um bolinho. O índice de respostas corretas entre as crianças de 5 anos foi 67%; todas as crianças de seis anos pegaram o número certo de fichas. As crianças que responderam corretamente invariavelmente usavam o esquema de correspondência: por exemplo, apontavam para cada casinha e contavam quatro bolinhos, ou colocavam os bolinhos diretamente em correspondência com as casas. Esse índice de sucesso na resolução de problemas que dependem do raciocínio multiplicativo entre crianças que não aprenderam a fazer conta de multiplicar e o uso das correspondência em ação como estratégia de resolução sugerem que a origem do raciocínio multiplicativo está no esquema de correspondência.

Isso significa que o raciocínio multiplicativo não tem origem na adição repetida, porque a adição usa o esquema de juntar, e não o esquema de correspondência. Duas publicações recentes fazem uma revisão desses estudos, incluindo resultados publicados em *Na vida dez, na escola zero*: Nunes et al., 2010, e Nunes e Bryant, 2010.

Gostaria de salientar que as relações entre quantidades em problemas aditivos e em problemas multiplicativos são claramente distintas. O diagrama 1 ilustra essa diferença. No primeiro problema, a lógica que usamos para representar a relação entre as quantidades é ligada às relações parte-todo. No segundo problema, a lógica que usamos é ligada à correspondência.

- Relações aditivas
  - — Rui e Ana tem juntos 15 livros (quantidade)
  - — Rui tem 3 livros a mais do que Ana (ou Ana tem 3 livros a menos do que Rui) (relação)
  - — Quantos livros cada um tem?

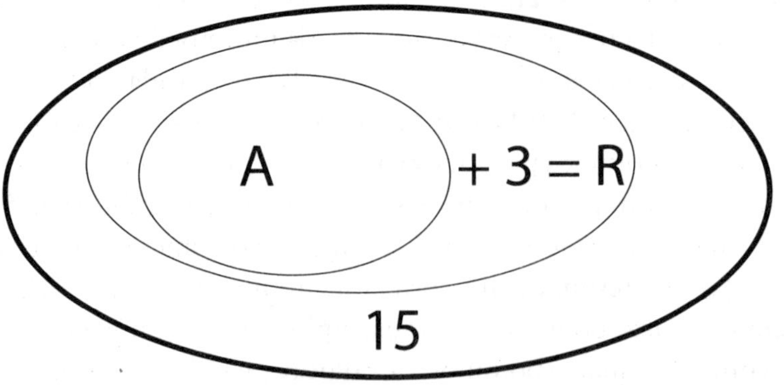

- Relações multiplicativas
  - — Rui e Ana tem juntos 15 livros (quantidade)
  - — Rui tem o dobro de livros que a Ana tem (ou Ana tem metade dos livros que o Rui tem) (relação)
  - — Quantos livros cada um tem?

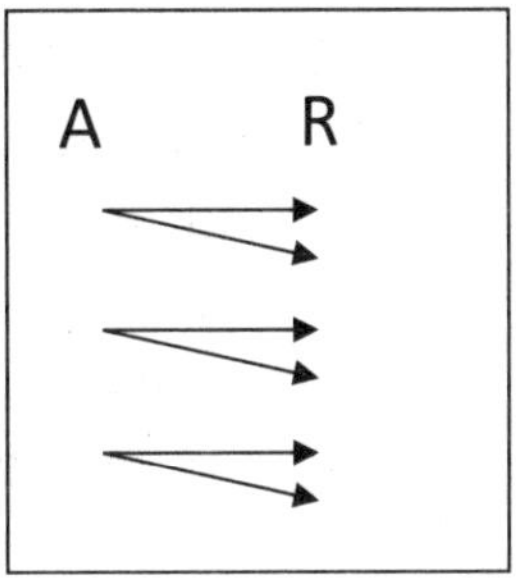

A hipótese de que o raciocínio multiplicativo não tem origem em adições repetidas tem provocado um debate interessante no campo da educação matemática. Por um lado, vários pesquisadores em educação matemática (*e.g.* Harel e Confrey, 1994) e matemáticos que não estão diretamente ligados à pesquisa em educação (*e.g.* Devlin, 2009) compartilham essa ideia com entusiasmo. Por outro lado, há um inegável comprometimento de vários pesquisadores e professores com a ideia de que a multiplicação é apenas uma questão da adição repetida de parcelas iguais, uma vez que essa ideia é antiga e usada há muito tempo no ensino. Em minha opinião, a evidência em favor da tese de que a origem do raciocínio multiplicativo está no esquema de correspondência é robusta, mas não creio que os que apoiam a ideia de que a multiplicação é apenas a adição repetida de parcelas iguais estejam prontos a reconhecer que é tempo de mudar. Esse debate precisa, porém, ser ativamente incluído na pauta dos responsáveis pelos programas, currículos e livros didáticos no Brasil. Seria embaraçoso para os educadores brasileiros que um debate internacional significativo para a educação, iniciado por estudos feitos no Brasil, não tivesse repercussão entre nós.

O ensino de Matemática como a apropriação de modelos de pensamento

Uma terceira contribuição dos estudos relatados em *Na vida dez, na escola zero* é a ideia de que aprender Matemática não é simplesmente, e nem principalmente, aprender a fazer contas. Essa ideia é claramente explorada no capítulo 8, em que argumentamos que aqueles que aprendem a Matemática na vida diária aprendem principalmente modelos matemáticos, e por isso não confundem o raciocínio aditivo com o raciocínio multiplicativo quando resolvem problemas. Os estudos relatados nos Capítulos 4 e 8 mostram que os estudantes brasileiros têm dificuldades em escolher a operação certa para solucionar problemas e interpretar os resultados, porém isso não aconteceu nem com os marceneiros nem com os mestres de obra, que haviam aprendido os modelos matemáticos em sua prática diária.

Devo salientar que esse não é um problema específico dos estudantes brasileiros. A pesquisadora inglesa Kathleen Hart apresentou a uma amostra considerável de estudantes ingleses o seguinte problema sobre dois personagens de livro: "O sr. Baixinho tem um amigo, o sr. Grandão. Quando medimos os dois com palitos de fósforo, vemos que o sr. Baixinho mede 4 palitos e o sr. Grandão mede 6. Quando medimos o sr. Baixinho com clipes, vemos que o sr. Baixinho mede 6 clipes. Qual será a altura do sr. Grandão medida em clipes?" Para facilitar a compreensão do problema, Hart (1984) incluiu também um diagrama no qual estava desenhado o sr. Baixinho e apareciam 6 clipes mostrando sua altura. Hart apresentou esse problema a mais de 2.200 alunos que estavam na faixa etária de 12 a 15 anos e já tinham aprendido a multiplicar e dividir, como também tinham recebido instrução na regra de três. No entanto, o índice de acerto foi bem baixo: 28% entre os alunos na faixa de 12 a 13 anos e 42% entre os alunos na faixa de 14 a 15 anos. A resposta mais frequente entre os alunos de 12 a 14 anos (51% dos alunos) foi que a altura do sr. Grandão era 8 clipes, resposta obtida encontrando-se a diferença entre as duas medidas em palitos de fósforo e usando essa mesma diferença para calcular a altura em clipes. Entre os alunos na faixa de 14 a 15 anos, essa solução por raciocínio aditivo ainda foi muito comum: 39% dos alunos responderam que o sr. Grandão media 8 clipes. Portanto, os resultados com estudantes brasileiros são semelhantes a resultados observados com estudantes ingleses.

Esse é um problema de escala semelhante aos que apresentamos aos mestres de obras: quando o sr. Baixinho é medido com palitos de fósforo, sua altura é 4; quando ele é medido com clipes, sua altura é 6. Quando o sr. Grandão é medido com palitos de fósforo, sua altura é 6; qual seria sua altura se fôssemos medi-lo com clipes? Não sei como nossos mestres de obra teriam respondido essa questão, mas seria interessante saber. Uma observação deve ser feita quanto à forma como o problema foi apresentado aos alunos: as correspondências enfatizadas na apresentação do problema foram entre as medidas dos dois personagens, e não entre as duas escalas, o que poderia ter levado os alunos a não atentarem para o problema como uma questão de conversão de escalas. Portanto, há alguns pontos a serem esclarecidos na interpretação dos resultados obtidos por Hart, e seria interessante explorar essa questão no Brasil, tanto com pessoas com experiência no uso de escalas quanto com jovens estudantes.

A apropriação de modelos matemáticos por jovens e adultos que aprendem a Matemática na vida diária mostra, consistentemente, que o problema de escolher a operação correta, tão comum entre estudantes, não aparece entre esses jovens e adultos quando eles usam seus conhecimentos diários. Em contraste, quando os estudantes constroem sua compreensão dos modelos matemáticos na sala de aula, essa construção depende das experiências práticas que a escola lhes proporciona. Quando ensinamos a multiplicação como adição repetida, essa experiência talvez torne mais difícil para os alunos diferenciar o raciocínio aditivo do raciocínio multiplicativo.

A compreensão da relação entre problemas e modelos matemáticos é um tema de grande importância para a educação matemática. Fischbein e seus colaboradores (Fischbein, 1987; Fischbein, Deri, Nello, & Marino, 1985) consideram fundamental para a compreensão do raciocínio dos alunos sabermos em que experiências esse raciocínio se baseia. Por exemplo, quando os alunos baseiam sua compreensão da multiplicação na ideia de adições repetidas, eles concluem que a multiplicação de números positivos sempre resulta num valor maior. Quando os alunos encontram a multiplicação de um inteiro por uma fração decimal — por exemplo: 0,5 x 10 –, não conseguem compreender como é possível que o número fique menor depois de uma multiplicação. Similarmente, quando os alunos desenvolvem sua compreensão de divisão principalmente em situações de distribuir quantidades maiores em grupos menores — por exemplo, distribuir 15 doces para 3 crianças — eles formam um conceito restrito de divisão. Ao encontrarem um problema em que uma quantidade menor deve ser dividida por uma maior, eles simplesmente trocam o dividendo com o divisor, e fazem a conta errada: por exemplo, no problema "15 amigos decidiram dividir igualmente 5 quilos de biscoito; quanto cada um vai ganhar?", a operação indicada por muitos alunos como a que se deve fazer para resolver o problema é 15 dividido por 5, em vez de 5 dividido por 15. Esse erro pode ser observado mesmo entre estudantes que já completaram o ensino fundamental (Graeber e Tirosh, 1988), os quais justificam sua resposta dizendo que na divisão o número maior é dividido pelo menor.

Portanto, a lição aprendida com os estudos relatados neste livro é de extrema importância: as experiências que levam à construção de modelos matemáticos adequados para se pensar sobre situações são fundamentais para a construção do conhecimento matemático. Os mestres de obras, bem como outros trabalhadores quem usam o raciocínio multiplicativo na vida diária, não confundem o raciocínio multiplicativo com o aditivo em sua prática. Seria essencial que, na escola, encontrássemos modelos adequados para ensinar as diferentes formas de relações entre quantidades (ou medidas ou variáveis).

Creio que as situações de divisão de um número menor por um maior proporcionam uma boa introdução ao conceito de frações, mas não estudamos essas situações na vida diária, entre jovens e adultos que lidem com elas regularmente. Já existem alguns estudos no Brasil sobre as frações e situações como essas, mas não conheço ainda nenhum que tenha aproveitado situações relacionadas a práticas profissionais. Teríamos muito que aprender a partir de estudos sobre frações na vida diária.

Da Matemática da vida à Álgebra

Entre os estudos relatados em *Na vida dez, na escola zero*, há um que denominamos Álgebra na feira. Nossa definição do problema como do tipo que requer raciocínio algébrico apoiou-se no fato de que os problemas envolviam uma incógnita nos dois lados de uma equivalência. Os problemas foram apresentados usando desenhos, e basicamente envolviam o cálculo do peso de pacotes colocados em uma balança de dois pratos, junto com alguns pesos. Por exemplo, um problema apresentava em um lado da balança um peso de 750 gramas e um pacote, cujo peso devia ser calculado; do outro lado da balança estavam dois pacotes iguais ao primeiro e mais um peso de meio quilo. Portanto, havia pacotes de pesos desconhecidos dos dois lados da balança. Uma solução simples para esse problema seria retirar um pacote de cada lado; uma vez que os pacotes eram iguais, a balança deveria permanecer equilibrada. Depois de retirado um pacote de cada lado, teríamos de um lado o peso de 750 gramas e do outro lado o peso de meio quilo mais um pacote. A subtração da mesma quantidade dos dois lados da balança simplifica o problema e permite sua solução, mas requer que o feirante reconheça que é possível subtrair essas quantidades desconhecidas, e concluir que a balança permanece em equilíbrio porque as quantidades são iguais. Operar com incógnitas é um passo difícil para os alunos, e não foi muito simples nem mesmo para os feirantes, embora tivessem muita experiência com a balança de dois pratos. A maioria resolveu esse tipo de problema, principalmente após uma pista que os auxiliava a pensar um pouco mais. Mas devemos observar que o problema só faz sentido se a pessoa compreende as relações entre quantidades numa balança de dois pratos, o que reforça a ideia de que a compreensão das relações entre quantidades numa situação é fundamental para sua modelagem. Se a pessoa não sabe como a balança funciona, a operação com incógnitas não é possível.

Teria sido extremamente interessante investigar como os jovens e adultos que aprendem a Matemática na prática representam os modelos que usam, seja por meio de diagramas, seja por meio de letras em combinação com operações, como fazemos em Álgebra. Como seria a representação das relações parte-todo feita por nossos informantes nesses estudos se tivéssemos solicitado que nos explicassem seu raciocínio com diagramas? Como eles demonstrariam a diferença entre dois problemas, um envolvendo relações parte-todo e outro envolvendo correspondências? Não realizamos projetos que investigassem sistematicamente as representações usadas por informantes que aprenderam a Matemática na prática. Focalizamos apenas a solução oferecida oralmente. Essa lacuna talvez mereça ser preenchida, pois seria muito útil entender os processos envolvidos na representação de saberes matemáticos construídos na prática. A construção de representações é parte integral do conhecimento matemático e talvez nos ajudasse a compreender as ligações entre modelagem e a resolução de problemas usando representação algébrica.

Nos últimos anos, David e Analúcia desenvolveram várias análises sobre a relevância da Matemática aprendida fora da escola para a Matemática da sala de aula (Carraher & Schliemann, 2002; Schliemann & Carraher, 2002; Carraher, 2008) e realizaram uma série de estudos longitudinais em sala de aula que mostram como crianças de 8 a 11 anos de idade podem ser introduzidas aos princípios e à representação algébrica (Schliemann, Carraher & Brizuela, 2007 e 2011; Carraher & Schliemann, 2007; Carraher, Schliemann & Schwartz, 2008; earlyalgebra.org). As situações de aprendizagem propostas nesses estudos, especialmente planejadas para provocar a emergência de conceitos e representações matemáticas, foram inspiradas na forma como crianças aprendem matemática fora da escola.[2] O leitor interessado pode buscar maiores informações nos trabalhos citados aqui.

2. Essas informações foram fornecidas diretamente por David e Analúcia.

Comentários finais

Os estudos relatados neste livro são reconhecidos internacionalmente por oferecer contribuições significativas à pesquisa nos campos da Psicologia do Desenvolvimento (ver Cole & Cole, 2001), no estudo das relações entre cognição e cultura (ver Segall, Dasen, Berry & Poortinga, 1999) e em Educação Matemática (ver Carpenter, Dosey & Koeler, 2004; Bishop, 2010). Esse reconhecimento nos gratifica e nos possibilita continuar investigando o desenvolvimento da criança e de seu conhecimento matemático até hoje. Ao fazer esse balanço do impacto dos estudos apresentados em *Na vida dez, na escola zero*, lembrei-me com saudades de todos os amigos e colaboradores com quem trabalhei em Recife. Embora os nomes de alunos e colegas que trabalharam diretamente nos estudos relatados neste livro apareçam nas notas de rodapé, e outros nomes como os de Tânia Campos, Lúcia Browne, Lair Levi Buarque, Maurício Figueiredo Lima, Zélia Higino, Edvirges Ruiz e muitos outros não tenham sido citados porque não trabalharam diretamente nesses estudos, fica registrado nesta Apresentação que todos são muito mais do que notas ao pé de página em minha vida. Seu estímulo e amizade foram sempre importantes durante os catorze anos em que trabalhei na UFPE.

Terezinha Nunes

Oxford, 16 de maio de 2011

Bibliografia

BISHOP, A. J. *Mathematics Education*. London: Routledge, 2010. v. 3.

BRYANT, P.; NUNES, T. Key Understandings in Mathematics Learning. *Paper* 2. Understanding whole numbers, 2009. Disponível em: <http://www.nuffieldfoundation.org/fileLibrary/pdf/P2.pdf>.

CARPENTER, T. C.; DOSSEY, J. A.; KOELER, J. L. *Classics in Mathematics Education Research.* Reston: National Council of Mathematics Teachers, 2004.

CARRAHER, D. W.; SCHLIEMANN, A. D. Early Algebra and Algebraic Reasoning. In: LESTER, F. (Ed.). *Handbook of Research in Mathematics Education.* Greenwich: Information Age Publishing, 2007. p. 669-705.

______. Is everyday mathematics truly relevant to mathematics education? In: MOSHKOVICH, J.; BRENNER, M. (Eds.). Everyday Mathematics. *Monographs of the Journal for Research in Mathematics Education*, 11, 131-153, 2002.

CARRAHER, D. W.; SCHLIEMANN, A. D.; SCHWARTZ, J. Early algebra is not the same as algebra early. In: KAPUT, J.; CARRAHER, D.; BLANTON, M. (Eds.). *Algebra in the Early Grades.* Mahwah: Erlbaum, 2008. p. 235-72.

COLE, M.; COLE, S. R. *The development of children.* 4. ed. New York: Worth Publishers, 2001.

DEVLIN, K. Multiplication and those pesky British spellings, 2009. Disponível em: <http://www.maa.org/devlin/devlin_09_08.html>.

FISCHBEIN, E. *Intuition in science and mathematics.* Dordrecht: Reidel, 1987.

FISCHBEIN, E. et al. The role of implicit models in solving verbal problems in multiplication and division. *Journal for Research in Mathematics Education,* 16, 3-17, 1985.

GRAEBER, A.; TIROSH, D. Multiplication and division involving decimals: Preservice elementary teachers' performance and beliefs. *Journal of Mathematical Behavior,* 7, 263-80, 1988.

GRAVEMEIJER, K. Context problems and realistic mathematics instruction. In: GRAVEMEIJER, K.; HEUVEL, M. van den; STREEFLAND, L. (Eds.). *Context free production tests and geometry in realistic mathematics education.* Utrecht: Research Group for mathematical Education and Educational Computer Centre, State University of Utrecht, 1990. p. 10-32.

______. Mediating between concrete and abstract. In: NUNES, T.; BRYANT, P. (Eds.). *Learning and Teaching Mathematics. An International Perspective.* Hove: Psychology Press, 1997. p. 315-46.

HAREL, G.; CONFREY, J. *The Development of Multiplicative Reasoning in the Learning of Mathematics.* Albany New York: State University of New York Press, 1994.

HUGHES, M. Can preschool children add and subtract? *Educational Psychology*, 3, 207-19, 1981.

NUNES, T.; BRYANT, P. *Children Doing Mathematics*. Oxford: Blackwell, 1996.

______. Insights from everyday knowledge for mathematics education. In: PREISS, D.; STERNBERG, R. (Eds.). *Innovations in Educational Psychology*. New York: Springer, 2010. p. 51-78.

NUNES, T.; BRYANT, P.; WATSON, A. Key Understandings in Mathematics Learning. Paper 1: Overview, 2009. Disponível em: <http://www.nuffieldfoundation.org/fileLibrary/pdf/P1.pdf>.

NUNES, T. et al. The scheme of correspondence and its role in children's mathematics. *British Journal of Educational Psychology — Monograph Series II, Number 7 — Understanding number development and difficulties*, 83-99, 2010.

NUNES, T. et al. Teaching children how to include the inversion principle in their reasoning about quantitative relations. *Educational Studies in Mathematics*, 2011 (in press).

PIAGET, J. *The Child's Conception of Number*. London: Routledge & Kegan Paul, 1952.

SCHLIEMANN, A. D.; CARRAHER, D. W. The Evolution of Mathematical Understanding: Everyday Versus Idealized Reasoning. *Developmental Review*, 22(2), 242-66, 2002.

SCHLIEMANN, A. D.; CARRAHER, D. W.; BRIZUELA, B. *Bringing Out the Algebraic Character of Arithmetic: From Children's Ideas to Classroom Practice*. Lawrence Erlbaum Associates, 2007.

______. *El carácter algebraico de la Aritmética:* De las ideas de los ninõs a las actividades en el aula. Buenos Aires: Paidós, 2011.

SEGALL, M. H. et al. *Human Behavior in Global Perspective. An Introduction to Cross-cultural Psychology*. Boston: Allyn and Bacon, 1999.

STREEFLAND, L. Search for the Roots of Ratio: Some Thoughts on the Long Term Learning Process (Towards... A Theory): Part II: The Outline of the Long Term Learning Process. *Educational Studies in Mathematics*, 16, 75-94, 1985.

______. Charming fractions or fractions being charmed? In: Nunes, T.; Bryant, P. (Eds.). *Learning and Teaching Mathematics. An International Perspective.* Hove: Psychology Press, 1997. p. 347-72.

THOMPSON, P. W. Quantitative Reasoning, Complexity, and Additive Structures. *Educational Studies in Mathematics, 25*, 165-208, 1993.

VERGNAUD, G. The Theory of Conceptual Fields. *Human Development*, 52, 83-94, 2009.

Capítulo 1

A matemática na vida cotidiana: psicologia, matemática e educação

Nos corredores da ciência, psicologia, matemática e educação são disciplinas diferentes, de lugares diferentes: ciências humanas, ciências exatas e ciências sociais aplicadas. Pode-se até esquecer que existem ligações entre essas três disciplinas. Na prática, porém, existem fenômenos em que essas disciplinas não estão dissociadas. Quando uma criança resolve um problema com números na rua, usando seus próprios métodos, mas que são métodos compartilhados por outras crianças e adultos, estamos diante de um fenômeno que envolve matemática, devido ao conteúdo do problema, psicologia, porque a criança certamente raciocinou, e educação, porque queremos saber como ela aprendeu a resolver problemas desse jeito. Podemos separar a matemática da psicologia do pensamento enquanto ciências, mas não podemos separá-las enquanto fenômenos acontecendo na prática. Quando alguém resolve um problema de matemática, estamos diante de uma pessoa que pensa. A matemática que um sujeito produz não é independente de seu pensamento enquanto ele a produz, mas pode vir a ser cristalizada e tornar-se parte de uma ciência, a matemática, ensinada na escola e aprendida dentro e fora da escola.

Matemática como ciência e como atividade humana

Ao nível da comunidade científica, a matemática é definida como uma ciência formal. Isto significa que a lógica reconstruída (ver Kaplan, 1969) da matemática é dedutiva. Demonstrações por indução não são reconhecidas pela comunidade científica — não porque não possam existir em outras ciências, mas porque não são aceitas como demonstrações de valor na matemática. Se alguém quisesse provar, por exemplo, que todo número da forma ABC.ABC (como 435.435; 176.176 etc.) é divísivel por 13 tomando centenas de números da forma ABC.ABC, dividindo-os por 13 e mostrando que não há resto nestas divisões, nenhum matemático aceitaria esse exercício como uma prova. Ao nível de sua organização como ciência, na matemática somente são aceitáveis provas por dedução. No entanto, a matemática não é apenas uma ciência: é também uma forma de atividade humana. Ao nível da atividade humana, a construção da matemática não é realizada necessariamente pelas "leis" da lógica. Uma descoberta em matemática pode, na verdade, ocorrer por indução, sendo o processo de prova posterior. A prova teria, para o indivíduo neste caso, não uma função de criação de novos conhecimentos, mas de demonstração de algo já descoberto; para a comunidade científica, no entanto, a prova mereceria o *status* de "novidade" ou "descoberta".

A aprendizagem de matemática na sala de aula é um momento de interação entre a matemática organizada pela comunidade científica, ou seja, a matemática formal, e a matemática como atividade humana. Em primeiro lugar, não devemos nos esquecer de que o professor é uma pessoa, que organiza, ele próprio, sua atividade matemática. Mesmo que uma pessoa seja cientificamente treinada, sua atividade não segue necessariamente as formas dedutivas aprovadas pela comunidade científica. Em segundo lugar, mas não secundariamente, a matemática praticada na sala de aula é uma atividade humana porque o que interessa nessa situação é a aprendizagem do aluno. A aprendizagem de um conceito — quer de matemática, quer de física, quer de literatura — está relacionada à psicologia da aprendizagem em primeiro plano. A atividade que conduz à aprendizagem é a atividade de um sujeito humano construindo seu conhecimento. Ainda que a matemática formal proíba demonstrações por processos indutivos, a aprendizagem de conceitos matemáticos pode exigir a observação de eventos no mundo.

Enquanto atividade humana, a matemática é uma forma particular de organizarmos os objetos e eventos no mundo. Podemos estabelecer relações entre os objetos de nosso conhecimento, contá-los, medi-los, somá-los, dividi-los etc. e verificar os resultados das diferentes formas de organização que escolhemos para nossas atividades. Por exemplo, se tivermos diante de nós a tarefa de distribuir iguais quantidades do feijão obtido após uma colheita para 30 famílias, podemos contar grão por grão, dividir o número de grãos por 30, e depois contar, para cada família, o número de grãos que lhe cabe. Mas, ao tentarmos executar essa tarefa, logo descobriremos que essa solução é absurda, embora fosse uma solução matematicamente correta. A organização dessa atividade requer um caminho mais eficiente. Podemos encher uma lata de feijão para cada família, distribuir várias latas até que não se possa mais fazer uma distribuição equitativa com latas maiores, e então mudar para latas menores para a divisão final. Se tivermos uma balança, podemos pesar as quantidades e proceder analogamente. A organização da divisão de uma quantidade em partes iguais é uma atividade de natureza matemática, envolve conceitos matemáticos. Mas não é totalmente idêntica à matemática: há aqui um processo de decisão que está relacionado ao que se deseja conseguir. A contagem dos grãos é um processo perfeitamente correto do ponto de vista matemático, mas inapropriado do ponto de vista da tarefa que se deseja realizar. A mensuração com latas não é um processo reconhecido na escola, onde só lidamos com medidas convencionais, mas representa uma solução adequada, que supõe os mesmos conceitos matemáticos usados se falássemos em litros.

Matemática e psicologia: teoria e método

Piaget foi, dentre os estudiosos da psicologia, quem mais contribuiu para que viéssemos a reconhecer que a lógica e a matemática podem ser tratadas como formas de organização da atividade intelectual humana. Seus estudos incentivam os pesquisadores interessados na análise do raciocínio a tentarem explicitar os conhecimentos lógico-matemáticos implícitos quando resolvemos problemas de determinadas maneiras. Piaget aponta, por exemplo, o fato de que o bebê que tenta pegar um objeto que está escondido por um anteparo deve ter organizado uma compreensão do espaço que envolve relações como "na frente" e "atrás". Senão, o bebê, ao ver o objeto desaparecer, não saberia onde procurá-lo. Portanto, a partir de seu comportamento, podemos fazer inferências sobre a organização que o bebê dá a sua atividade no espaço; esta organização estaria implícita à atividade. Ao dar a volta em torno de um obstáculo para pegar um objeto, engatinhando inicialmente na direção oposta ao objeto para poder contornar o obstáculo, o bebê só pode estar utilizando um teorema-em-ação (na terminologia de Vergnaud, 1985) que afirma que um movimento AB pode ser invertido por um movimento BA — ou seja, que um movimento AB + um movimento BA é igual a zero. A proposta piagetiana de analisar a organização das ações e explicitar as estruturas lógico-matemáticas implícitas teve grande impacto na psicologia cognitiva.

Nos estudos de Genebra, esta proposta de análise foi explorada em detalhes em tarefas criadas experimentalmente e, frequentemente, baseadas em experiências de interesse histórico nas ciências exatas. A grande produção do Centro de Epistemologia Genética relativa à compreensão de conceitos lógico-matemáticos e científicos passou a inspirar educadores em suas tentativas de construir ambientes educacionais mais propícios à reflexão e ao desenvolvimento conceitual. A contribuição desses estudos para a educação é inegável.

No entanto, uma grande lacuna permaneceu. A proposta piagetiana envolve a noção de que é o próprio sujeito que organiza sua atividade e consegue, por meio da evolução dessa organização, chegar a mudanças que chamamos de "desenvolvimento do pensamento". Piaget propõe, então, a necessidade de sabermos como o desenvolvimento das estruturas lógico-matemáticas ocorre também fora da escola, considerando, ele próprio, como simples hipótese (ver Piaget, 1966) sua descrição do desenvolvimento cognitivo por estar baseada apenas em uma cultura e, ainda assim, restrita ao estudo de sujeitos escolarizados de uma forma particular. Piaget não espera que a escola seja o único ambiente responsável pelo desenvolvimento intelectual, mas reconheceu (1972) que seus estudos sobre o desenvolvimento da lógica da criança e do adolescente (Inhelder e Piaget, 1955) estavam limitados a tarefas estreitamente relacionadas ao ambiente escolar, com ênfase nos problemas que fazem parte do ensino de ciências.

Os estudos desta coletânea

A proposta piagetiana de encontrar as formas de organização de natureza lógico-matemática subjacentes à atividade da criança foi expandida aqui para a investigação das atividades cotidianas fora e dentro da escola em vários estudos. Uma compra ou venda numa feira, uma interpretação de uma planta numa construção, um cálculo de material para a construção de um móvel são atividades cotidianas cuja organização envolve conhecimentos lógico-matemáticos nem sempre explícitos — embora frequentemente as condições de interação social sejam tais que esses conhecimentos chegam mesmo a ser explicitados. A mesma ideia central da teoria piagetiana é adotada nesses estudos, ou seja, a ideia de que é possível encontrar na organização da ação elementos que nos indicam que estruturas lógico-matemáticas estão implicadas na própria ação dos sujeitos.

Também é adotada a mesma abordagem metodológica geral, uma metodologia hoje conhecida como o "método clínico-piagetiano" (Carraher, 1988), que envolve a apresentação de problemas cuidadosamente selecionados aos sujeitos de modo não padronizado, mas, ao mesmo tempo, não casual. O investigador procura descobrir, através da obtenção de justificativas e da apresentação de novos problemas, que formas de raciocínio o sujeito está utilizando. Apesar do fato de que todos os sujeitos participando de um mesmo estudo são entrevistados sobre uma única questão, eles não são entrevistados com base em um roteiro inflexível, apresentado sempre da mesma maneira, mas são questionados de modo a tentarmos seguir seu raciocínio, explorando-se as hipóteses sobre este raciocínio pela apresentação de novos problemas cuidadosamente selecionados.

Nos estudos apresentados aqui, o método clínico-piagetiano foi, por vezes, associado a descrições etnográficas e ao método experimental. Algumas formas de controle (por exemplo, na ordem de apresentação de problemas, nos dígitos escolhidos) ou de seleção intencional de sujeitos são introduzidas para a melhor avaliação de determinadas hipóteses. Estas associações entre diferentes métodos permitem obter dados mais claramente interpretáveis em muitas circunstâncias e refletem a interdisciplinaridade das questões abordadas nestes estudos.

No entanto, as situações que analisamos não são como as tarefas piagetianas clássicas (conservação, inclusão de classes, seriação etc.) por várias razões. Primeiro, nas tarefas piagetianas clássicas o examinador procura levar o sujeito a *explicitar* certos princípios básicos do raciocínio, considerados por Piaget como essenciais aos conceitos lógico-matemáticos que ele estudou. Por exemplo, os estudos de conservação, inclusão de classes e seriação procuram explicitar princípios que, segundo Piaget, seriam básicos à compreensão de número. Os estudos desta coletânea não levam os sujeitos a uma explicitação das propriedades e modelos matemáticos conhecidos pelos sujeitos; tratam esse conhecimento lógico-matemático como "teoremas em ação" (Vergnaud, 1985) — ou seja, como *conhecimentos implícitos* na organização que o sujeito faz de suas ações ao buscar soluções para problemas. Essa diferença de objetivos tem consequências importantes para o tipo de dados que coletamos, resultando numa segunda diferença entre os estudos da matemática em seus contextos culturais e as tarefas piagetianas. Enquanto nas tarefas piagetianas clássicas os princípios lógico-matemáticos são *objeto* das entrevistas com as crianças e adolescentes, em nossos estudos eles são *instrumentos* para solução de problemas. Ora, sabemos que é extremamente difícil, mesmo para adultos, explicitar muitos conhecimentos que possuem implicitamente. O caso mais amplamente discutido na literatura com relação a essa questão é a linguagem: enquanto falamos uma língua, usamos noções gramaticais implícitas na organização de nossa produção linguística, as quais não temos condição de explicitar. Uma terceira diferença consiste exatamente na exploração mais detalhada desses contextos culturais e sua repercussão sobre a organização das ações do sujeito. Quando uma ação é organizada para um determinado fim por estar inserida numa situação específica, o significado da situação e a finalidade podem ter impacto sobre a própria organização da ação. Já discutimos anteriormente como soluções matemáticas corretas para um problema podem ser impróprias para a vida. Finalmente, sabemos que as situações em que os problemas são resolvidos e as finalidades na resolução de problemas têm impacto sobre a representação que fazemos da solução a partir de nossa própria estratégia de resolução de problemas. Certas representações podem levar o sujeito a perceber melhor os princípios matemáticos do que outras. Por exemplo, quando um feirante passa um troco na feira, a fim de evitar erros e mostrar que está dando o troco certo, ele geralmente soma os valores das notas que entrega ao freguês ao valor de sua compra. Se o total da compra foi 270 cruzeiros e o freguês pagou com uma nota de 500, o feirante vai entregando as notas e dizendo: 270, 280, 290, 300, 400, 500. Seria essa estratégia de resolução, em que o troco é somado ao valor da compra, equivalente à representação de problemas de troco na aritmética escolar, em que o valor da compra deve ser subtraído do valor da nota? A relação entre a compreensão dos princípios e modelos lógico-matemáticos subjacentes à resolução de problemas em diferentes contextos culturais e sua representação nesses contextos é uma preocupação fundamental dos estudos desta coletânea — preocupação que não teve lugar nos estudos piagetianos clássicos mesmo quando as mesmas estruturas lógico-matemáticas foram analisadas.

Os Capítulos 2 a 7 representam estudos específicos de atividades relacionadas à matemática avaliadas com respeito às aprendizagens dentro e fora da escola. Estes estudos foram realizados no decorrer de cinco anos de pesquisa mas foram preservados em sua forma original. Estão apresentados aproximadamente em ordem cronológica, porque um novo estudo foi, frequentemente, concebido para investigar questões e críticas abertas pelo estudo anterior. O que unifica o trabalho é a abordagem teórica e metodológica consistente, embora novas reflexões específicas tenham amadurecido tanto a teoria como a metodologia do primeiro para os últimos trabalhos. O capítulo final constitui uma tentativa de resumir, de nosso próprio ponto de vista, as conclusões e implicações atuais desses estudos. Essa tentativa utiliza uma teorização mais específica do que a abordagem geral subjacente a todos os trabalhos, procurando retomar alguns exemplos e unificar as conclusões parciais em um quadro mais geral.

Os estudos que apresentamos aqui levantam questões para diferentes áreas da ciência. Sem querer explorar todas elas, discutiremos as questões que julgamos de interesse para a psicologia, a educação e o ensino de matemática.

Questões psicológicas provocadas por estes estudos

A divisão de trabalho entre a Psicologia e a Antropologia, como já foi apontado por Cole (1984), é uma divisão que tem origens interessantes e que precisa ser revista hoje à luz de novas teorias e métodos. A Psicologia, ao separar-se da Filosofia, definindo-se como ciência experimental, localizou seu campo de estudos no laboratório. Seu objeto de estudo, o homem europeu e norte-americano, também vivia fora do laboratório, mas o que ocorria fora do laboratório, mesmo que pertencente ao campo da psicologia, ficava ignorado. A antropologia, por outro lado, interessava-se pelo estudo de culturas não europeias, diferentes das culturas dos colonizadores. Por trás dessa divisão de trabalho entre a psicologia e a antropologia, havia preconceitos, que hoje não têm mais a mesma aceitação. A antropologia hoje foi trazida de volta para casa; as etnografias são estudos antropológicos feitos, muitas vezes, dentro das culturas que antes não eram objeto de estudos antropológicos. E, simultaneamente, a psicologia de hoje não precisa restringir-se ao laboratório para ser científica; interessa à psicologia hoje tanto a relevância de suas teorias para o que ocorre fora do laboratório, como a manutenção de seu *status* científico, e esses dois objetivos não podem ser vistos como incompatíveis.

Os estudos relatados nesta coletânea levantam questões psicológicas de grande interesse. Se partirmos do ponto de vista de que a atividade humana é organizada e aceitarmos a noção piagetiana de que as estruturas lógico-matemáticas podem ser concebidas como as principais formas desta organização, temos ainda muitas questões não esclarecidas. Por exemplo, em que medida a situação social influencia a organização da atividade? Na escola, a matemática é uma ciência, ensinada em um momento definido por alguém de maior competência. Na vida, a matemática é parte da atividade de um sujeito que compra, que vende, que mede e encomenda peças de madeira, que constrói paredes, que faz o jogo na esquina. Que diferença fazem essas circunstâncias para a atividade dos sujeitos? Na aula de matemática, as crianças fazem conta para acertar, para ganhar boas notas, para agradar a professora, para passar de ano. Na vida cotidiana, fazem as mesmas contas para pagar, dar troco, convencer o freguês de que seu preço é razoável. Estarão usando a mesma matemática? O desempenho nas diferentes situações será o mesmo? Que papel exerce a motivação da venda? Que explicação existe para que alguém seja capaz de resolver um problema em uma situação e não em outra?

Mas há ainda muitas outras questões. Na prática diária, lidamos com muitos sistemas convencionais — o sistema de numeração, o dinheiro (que é um sistema de representação de valores), as medidas (de peso, de comprimento etc.). Que influência teria a adoção desses sistemas convencionais, culturalmente desenvolvidos, sobre o pensamento lógico-matemático? Em seus *Estudos sociológicos*, Piaget (1973) menciona a questão da relação entre a história da ciência e o desenvolvimento conceitual do adolescente hoje, lembrando-nos de que o que

Mendel demorou anos para descobrir com suas pesquisas pode ser aprendido em algumas semanas por um adolescente hoje. Mas o exemplo não resolve o problema; apenas o coloca em evidência. Que relação existe entre o desenvolvimento intelectual e o momento histórico em que vive o aluno? E, certamente, ao falarmos em momento histórico, não vamos ignorar que o momento não é igual para todos. Que relação existe entre as circunstâncias de vida — socioeconômicas e culturais — e o desenvolvimento do pensamento? Embora a resposta frequentemente pareça óbvia para nossos interlocutores, temos a oportunidade de conversar com pessoas que encontram respostas óbvias opostas para esta questão. Alguns acham que as crianças pobres sabem mais matemática, porque têm a prática, porque lidam com dinheiro, porque dela precisam para sobreviver, enquanto outros acham que a criança pobre sabe menos matemática, porque é desnutrida, porque vem de ambientes culturalmente desfavorecidos, porque apenas aprende na prática a lidar com o concreto e matemática envolve abstrações. Quando duas respostas opostas parecem óbvias, temos diante de nós um problema interessante a ser pesquisado. Os estudos que seguem procuram respostas menos óbvias para essas questões.

Questões para a educação

As questões psicológicas apontadas acima são teóricas. No entanto, suas implicações educacionais são quase imediatas. O que fazer na escola se constatamos que as crianças sabem mais matemática fora da sala de aula? O que ensinar na escola se as crianças já aprendem muito fora da sala de aula? Que postura deve ter o professor, que motivações deve buscar para sua aula, que contratos pedagógicos deve fazer se ficar constatado que as relações interpessoais influenciam até mesmo a utilização de estruturas lógico-matemáticas, que pareciam tão imunes às influências sociais, por fazerem parte das ciências exatas?

Quando uma solução matemática é negociada na rua — numa venda na feira, numa aposta no jogo do bicho — ela reflete os rituais da cultura para a situação, não apenas as estruturas matemáticas subjacentes. Mas como é que os indivíduos aprendem esses rituais, cheios de lógica e matemática, sem os benefícios da instrução sistemática ministrada por um professor especialmente preparado para tal fim? E que explicações teremos para o fracasso da criança em sala de aula se ela for bem-sucedida nas tarefas cotidianas que envolvem estruturas lógico-matemáticas?

O processo de explicação do fracasso escolar tem sido uma busca de culpados — o aluno, que não tem capacidade; o professor, que é mal preparado; as secretarias de educação, que não remuneram seus professores; as universidades, que não formam bem o professor; o estudante universitário, que não aprendeu no secundário o que deveria ter aprendido e agora não consegue aprender o que seus professores universitários lhe ensinam. Mas a criança que aprende matemática na rua, o cambista analfabeto que recolhe apostas, o mestre de obras treinado por seu pai, todos eles são exemplos vivos de que nossas análises estão incompletas, precisam ser desafiadas, precisam ser desmanchadas e refeitas, se quisermos criar a verdadeira escola aberta a todos, pública e gratuita, pela qual lutamos nas praças públicas. Os educadores, todos nós, precisamos não encontrar os culpados mas encontrar as formas eficientes de ensino e aprendizagem em nossa sociedade.

Questões para o ensino de matemática

A psicologia pode tirar dos estudos narrados nesta obra lições para as teorias do desenvolvimenta cognitivo e para as teorias de aprendizagem. A educação pode buscar implicações destas teorias para o ensino em geral. Mas o ensino de matemática deveria ser, sem dúvida, a área mais diretamente beneficiada pelo conhecimento da matemática da vida cotidiana. Na sala de aula, a professora que ensina matemática não poderá distinguir a matemática formal da matemática enquanto atividade humana. Seus alunos estarão sempre realizando atividades que envolvem concepções lógico-matemáticas em uma situação particular

— a sala de aula —, cujas características podemos conhecer melhor após esses estudos.

O ensino de matemática se faz, tradicionalmente, sem referência ao que os alunos já sabem. Apesar de todos reconhecermos que os alunos podem aprender sem que o façam na sala de aula, tratamos nossos alunos como se nada soubessem sobre tópicos ainda não ensinados. Os estudos narrados aqui nos mostram tantas situações em que aprendemos matemática fora da sala de aula que a professora de matemática poderá, a partir deles, ficar mais atenta para as situações diárias em que a matemática intervém. Mas não é só isso; alguns desses estudos "analisam" certas regras, mostrando seus componentes, suas inconsistências quando elas são colocadas num quadro mais amplo, e a perda de significado das atividades matemáticas realizadas na sala de aula.

Esses estudos mostram que um problema não perde o significado para a criança porque usa uva em vez de pitomba ou pitomba em vez de uva como a fruta do exemplo. O problema perde o significado porque a resolução de problemas na escola tem objetivos que diferem daqueles que nos movem para resolver problemas de matemática fora da sala de aula. Perde o significado também porque na sala de aula não estamos preocupados com situações particulares, mas com regras gerais, que tendem a esvaziar o significado das situações. Perde o significado também porque o que interessa à professora não é o esforço de resolução do problema por um aluno mas a aplicação de uma fórmula, de um algoritmo, de uma operação, predeterminados pelo capítulo em que o problema se insere ou pela série escolar que a criança frequenta. Muitos desses pontos podem ser considerados a partir dos estudos discutidos neste volume. Muitos outros serão aprofundados em um volume posterior, que examina em detalhes as relações entre conhecimento escolar e conhecimento extraescolar da matemática, apresentando nossas sugestões de como usar o conhecimento extraescolar na sala de aula. No entanto, os estudos descritos aqui devem provocar cada professor a buscar maneiras de usar em sala de aula o conhecimento matemático cotidiano de seus alunos; esse desafio, se aceito de fato, pode revolucionar e, principalmente, tornar muito mais fascinante a aprendizagem da matemática.

Bibliografia

CARRAHER, T. N. *O método clínico*: usando os exames de Piaget. 2. ed. rev. e ampl. São Paulo: Cortez, 1988.

COLE, M. Psicologia e antropologia. Conferência proferida no Simpósio "Literacy and Psychology", Medical Research Center, Applied Psychology Unit, Cambridge, UK, junho de 1984.

INHELDER, B.; PIAGET, J. *De la logique de l'enfant à la logique de l'adolescent.* Paris: Presses Universitaires de France, 1955.

KAPLAN, A. A *conduta na pesquisa*: metodologia para as ciências do comportamento. São Paulo: Editora da Universidade de São Paulo, 1969.

PIAGET, J. Necessité e signification des recherches comparatives en psychologie. *Journal International de Psychology*, v. 1, n. 1, 1966.

______. *Estudos sociológicos*. Rio de Janeiro: Forense, 1973.

______. Intellectual evolution from adolescente to adulthood. *Human Development*, n. 15, p. 1-12, 1972.

VERGNAUD, G. Concepts et schemes dans une théorie opératoire de la représentation. *Psychology Française*, v. 30, n. 3-4, p. 245-52, 1985.

Capítulo 2

Na vida, dez; na escola, zero: os contextos culturais da aprendizagem da matemática*

Terezinha Nunes
David W. Carraher
Analúcia D. Schliemann

A evasão e o fracasso escolar aparecem hoje entre os problemas de nosso sistema educacional que são estudados de forma relativamente intensa. A concepção de fracasso escolar aparece alternativamente como fracasso dos indivíduos (Poppovic, Esposito e Campos, 1975), fracasso de uma classe social (Lewis, 1967; Hoggart, 1957) ou fracasso de um sistema social, econômico e político (Freitag, 1979; Porto, 1981) que pratica

* Nossos agradecimentos a Elisabete Maranhão de Miranda e Maria Eneida do Rêgo Maciel pela ajuda imprescindível na coleta dos dados e a Shirley Brice-Heath que, em visita ao nosso programa, com financiamento do CNPq, abriu novas perspectivas de análise para o estudo do fracasso escolar.

Os dados analisados neste estudo fazem parte do artigo dos mesmos autores "Mathematics in the streets and in schools", *British Journal of Developmental Psychology*, n. 3, p. 21-29, 1985. A presente versão foi publicada por *Cadernos de Pesquisa*, n. 42, p. 79-86, 1982.

uma seletividade socioeconômica indevida. Neste capítulo, pretende-se explorar uma outra alternativa: o fracasso escolar é o *fracasso da escola.*

Os estudiosos da chamada "privação cultural" ou dos "indivíduos marginalizados" apontam a existência das mais variadas deficiências entre crianças de ambientes desfavorecidos, deficiências estas que são tanto de natureza cognitiva como de ordem afetiva e social. A criança-produto da privação cultural demonstra deficiências nas funções psiconeurológicas, bases para a leitura e matemática, conceitos básicos, operações cognitivas e linguagem (Poppovic, Esposito & Campos, 1975), um autoconceito pobre, sentimentos de culpa e vergonha, problemas familiares, desconhecimento de sua própria cultura (Brooks, 1966) etc. — para mencionar apenas algumas das deficiências encontradas. Essa posição resulta da convicção de que os processos psicológicos desenvolvem-se em função da experiência, de modo especial da experiência nos primeiros anos de vida (ver comentários em Cole, 1977), sendo que crianças de ambientes culturalmente deficitários careceriam dessas experiências cruciais. Paralelamente, muitos dos pesquisadores interessados nesta questão lembram ainda a importância de fatores de ordem biológica, como a nutrição (Patto, 1973) e saúde (Silva, 1979) nos primeiros anos de vida, cuja influência também levaria a resultados negativos no desenvolvimento dessas mesmas crianças, uma vez que a privação cultural e os problemas de alimentação e saúde tendem a ocorrer com maior gravidade e frequência na mesma faixa da população (Birch, 1967). Esta abordagem ao problema do fracasso escolar pela atribuição de deficiências aos indivíduos que fracassam não constitui sempre uma generalização grosseira relativa a todas as crianças de classe baixa. Recentemente, tem-se procurado salientar "a importância de uma análise do rendimento escolar em função das características individuais de famílias pertencentes à mesma classe social, sem se levar tanto em consideração os estereótipos criados pelo modelo que enfatiza as deficiências da classe social baixa, haja vista a existência de alunos que, não obstante pertencerem a essa classe, têm bom rendimento escolar" (Coimbra, 1981, p. 645). Nesta segunda versão, a abordagem das deficiências resultantes da privação cultural continua, pois, atribuindo importância decisiva a certas experiências particulares, porém dissocia, até certo ponto, classe social de privação cultural, de tal modo que apenas aqueles indivíduos da classe baixa que sofressem de fato da "síndrome da privação cultural" estariam fadados ao fracasso escolar.

O problema é colocado de forma um pouco diferente por aqueles que atribuem o fracasso escolar à classe social. A atribuição de deficiências das mais diversas naturezas aos membros da classe baixa não é uma questão de importância dentro deste ponto de vista. No entanto, os proponentes desta análise acreditam que a situação social e econômica das classes baixas é tal que os membros dessas classes não valorizam a educação, pois não lhe atribuem valor prático (Hoggart, 1957) e não podem permitir a seus filhos o "luxo" de uma educação prolongada diante de sua necessidade de empregá-los precocemente para contribuir para o sustento da casa. O fracasso escolar não seria, pois, um fracasso real, uma vez que só quem almeja determinado objetivo pode fracassar em alcançá-lo. A desvalorização da aprendizagem escolar ao lado da valorização do trabalho seria consistente com o desempenho efetivo dos membros da classe baixa, os quais são "vítimas" da evasão e do fracasso escolar apenas aos olhos dos *outros* (Hoggart, 1957).

Finalmente, o terceiro tipo de análise proposto para o fracasso escolar, a seletividade do próprio sistema, deve ser mencionado. De acordo com esta visão do fracasso escolar, as escolas constituem aparelhos ideológicos do Estado (Freitag, 1979), reproduzindo a estrutura de classes existente através da difusão da ideologia da classe dominante e da manutenção da classe baixa nos níveis educacionais inferiores. Assim, o próprio sistema educacional obstrui as vias de acesso da classe baixa à educação formal, eliminando a possibilidade de que seus membros possam resolver por si próprios os problemas sociais e econômicos que enfrentam em decorrência da hiperurbanização (Perlman, 1977). Dentro desta visão, Ivoneide Porto, por exemplo, aponta para a falta de integração social nas escolas do Recife como uma das formas de manutenção da estrutura social vigente. Os colégios particulares são um privilégio das classes dominantes, enquanto que os colégios da rede pública servem às classes dominadas; "[...] esta estruturação mediante 'privilégios específicos' e atividades delegadas tem lugar, certamente, a partir de cima, isto é, é determinada por aqueles que detêm o poder e, consequentemente, o domínio. É um processo que tem sua origem no topo e alcança a base da sociedade" (Porto, 1981, p. 101; grifos da autora).

A possibilidade de que o fracasso escolar não represente o fracasso do indivíduo, da classe ou do sistema social, econômico e político mas, sim, o fracasso da própria escola, já tem sido considerada por alguns, embora não possamos dizer que esta conclusão tenha sido claramente apresentada na forma em que a concebemos. Friedman (1967) considera que o entusiasmo pela noção de privação cultural nos meios educacionais resultou do fato de que tal conceituação do problema consistia numa explicação razoável para uma situação embaraçosa e, ao mesmo tempo, liberava os educadores da responsabilidade de estarem envolvidos com uma escola incapaz de produzir resultados. Poppovic apresentou recentemente uma análise bastante detalhada da questão do fracasso escolar. Referindo-se à explicação do fracasso escolar em termos de privação cultural, ela assinala: "Temos, então, para determinar o fracasso escolar, uma explicação de fundo social, muito mais ampla e verídica do que a das deficiências individuais. Porém, se bem examinada, essa teoria continua apontando para um só culpado: o aluno que vem de uma família pobre e, portanto, despreparado para os padrões exigidos pela escola; seria essa a razão do fracasso. A instituição escolar, seus valores, seus métodos, seus critérios, sua didática, sua organização continuam fora do debate" (Poppovic, 1981, p. 20).

Com relação à educação compensatória, Poppovic ressalta que esta sofre do grande defeito de apenas pretender mudar a criança, acrescentando que uma outra linha de pensamento se faz necessária, a de uma abordagem institucional, a qual deve discutir a própria escola: "Esta linha de pensamento coloca que o fracasso é o resultado de um inter-relacionamento malsucedido entre o aluno que provém de determinados meios sociais e a instituição escolar. É preciso que a escola entenda seu papel social e sua função numa sociedade de grupos muito diversificados" (Ibid., p. 20).

Apesar das semelhanças entre a análise proposta por Poppovic e aquela que pretendemos explorar, deve ser salientada uma diferença que não consideramos, de forma alguma, secundária. Poppovic, após a análise acima mencionada, volta-se para a consideração de estudos da marginalização cultural e seus efeitos sobre a criança (Poppovic et al., 1975), que têm a finalidade de conhecer "as necessidades de crianças culturalmente marginalizadas" (Poppovic, 1981, p. 20) com o intuito de desenvolver um currículo que as atenda: "O caminho que escolhemos foi o do desenvolvimento de materiais curriculares para os anos iniciais do primeiro grau, destinado às crianças originárias das camadas de baixa renda e a seus professores" (Ibid., p. 20-21). Este caminho parece constituir a educação compensatória na escola, e não mais ao nível pré-escolar; constitui uma solução psicológica para um problema psicológico, social e cultural.

Contrastando com esse ponto de vista, mas também seguindo uma abordagem institucional, pode-se propor para a questão das diferenças interclasses uma abordagem semelhante àquela proposta por Gay e Cole (1967) e Cole (1977) para as diferenças transculturais. Embora certas crianças de algumas culturas — ou, neste caso, das camadas de baixa renda — possam não participar de experiências específicas encontradas rotineiramente pelas crianças de nossa classe média, elas não são crianças privadas de qualquer experiência. No contexto do estudo das dificuldades de aprendizagem da matemática, Gay e Cole partiram, então, do pressuposto de que era necessário conhecer melhor a matemática inerente às atividades da vida diária na cultura dessas crianças a fim de construir, a partir dessa matemática, pontes e ligaçãs efetivas para a matemática mais abstrata que a escola pretende ensinar. Além disso, Cole (1977) sugere que o fato corriqueiro de que as pessoas desempenham com maior habilidade aquelas tarefas em que têm mais prática levou-o a pressupor também que os processos cognitivos podem ser de natureza situacional, o que implica ser possível encontrarmos sujeitos que demonstrem uma habilidade em certo contexto e não em outro(s). Os exames de habilidades de discriminação visual, por exemplo, realizados na entrada da escola para verificar a prontidão para a alfabetização, são realizados via de regra com figuras desenhadas, relativamente abstratas, figuras geométricas, letras e números. Se supuséssemos que tal material não é alvo de oportunidades para a prática da discriminação entre as crianças chamadas culturalmente desfavorecidas, veremos que delas se esperaria um desempenho mais baixo do que aquele que é exibido por crianças com prática nestas discriminações. Podemos daí: 1) concluir que as crianças produto da privação cultural têm deficiências em discriminação visual *ou*: 2) podemos partir para uma análise etnográfica e experimental das situações em que a discriminação visual de detalhes é praticada por estas crianças, caso tais situações existam, a fim de construirmos na escola ligações efetivas entre as habilidades de que essas crianças já dispõem e sua aplicação ao domínio particular que desejamos desenvolver. A segunda forma de lidar com o problema aproveita uma "lição central a ser derivada de anos de pesquisa sobre a generalização da aprendizagem (*learning sets*), isto é, que os animais (inclusive o homem) aprendem habilidades generalizadas de solução de problemas a partir de experiências repetidas com problemas diferentes do mesmo tipo" (Cole, 1977, p. 481).

Adotar o enfoque institucional não significa, portanto, negar a existência de diferenças interclasses ou mesmo rejeitar explicações de natureza social, econômica e política para o fracasso escolar. Porém, as diferenças interclasses não são concebidas simplesmente como carências, mas como *diferenças* de fato, e as explicações em termos do sistema socioeconômico-político são consideradas insuficientes, uma vez que mesmo uma mudança do sistema não poderia ter resultados efetivos sobre a educação pois os educadores não dispõem do necessário "saber fazer", como bem assinalou Poppovic (1981). Assim sendo, o enfoque institucional do fracasso escolar aproxima-se da análise de Foracchi (1974) e Campos (1975) da marginalidade, análise em que as características culturais são vistas como expressão simbólica do econômico e do político, constituindo, pois, parte essencial da explicação do fenômeno.

Observações as mais diversas têm apontado inconsistências entre o desempenho de sujeitos "culturalmente desfavorecidos" em situações formais e experimentais e o desempenho desses mesmos sujeitos em situações informais ou cotidianas. Labov (1969) registrou a existência de grandes diferenças no desempenho verbal de crianças pobres do Harlem em situações de teste e situações informais. Cole (1977) salientou a inconsistência entre resultados experimentais e a evidência antropológica relativa à habilidade dos adultos de certas culturas africanas de adotarem a perspectiva do ouvinte. Leacock (1972) apontou a incoerência entre conclusões experimentais relativas aos baixos níveis de abstração entre negros norte-americanos da classe operária e seu uso frequente de metáforas, amplamente reconhecidas como indicações de altos níveis de abstração. Ao mesmo tempo, Heath (1982a) demonstrou, nos Estados Unidos, uma correspondência extrema entre atividades de compreensão e interpretação de histórias praticadas em casa pelas mães norte-americanas de classe média e pelas professoras na escola, de tal forma que a escola norte-americana aproveita ao máximo as habilidades de interpretação já desenvolvidas nas crianças de classe média, criando situações escolares semelhantes às situações da vida dessas crianças. Por outro lado, as habilidades verbais desenvolvidas em outros "ambientes culturais" dentro do mesmo país ou não são aproveitadas pela escola, ou só vêm a ser incluídas entre os objetivos da escola em épocas posteriores (Heath, 1982b).

Demonstrações sistemáticas desta discrepância entre o desempenho de crianças de camadas de baixa renda em situações naturais e em situações do tipo escolar não foram ainda obtidas no Brasil. Entretanto, a análise acima sugere que elas provavelmente existem e devem ser cuidadosamente analisadas a fim de melhor compreendermos o fenômeno do fracasso escolar no Brasil. Assim sendo, neste estudo exploratório, observações etnográficas foram combinadas com uma análise experimental da questão descrevendo-se inicialmente um dos contextos culturais em que a solução de problemas de matemática ocorre naturalmente na classe pobre para, a seguir, estudar mais sistematicamente o desempenho em matemática de crianças pobres em situações naturais e em situações formais, do tipo escolar.

O contexto cultural: um dos usos da matemática

Não é incomum entre os membros da classe pobre que estes tenham um "negócio próprio". Quando o pai tem uma barraca na feira, por exemplo, alguns dos filhos podem acompanhar o pai, especialmente a partir de uma certa idade. Enquanto os menores parecem apenas "passar o tempo" desta forma, os maiores, a partir de aproximadamente dez anos, auxiliam nas transações, podendo mesmo assumir a responsabilidade pela venda de parte das frutas e verduras. Entre os pré-adolescentes e adolescentes, em geral a partir de 11-12 anos, a ocupação pode tornar-se independente, e estes passam a vender cocos, pipoca, milho verde, amendoim torrado, em pontos fixos ou como ambulantes.

Nestas situações, as crianças e adolescentes resolvem inúmeros problemas de matemática, via de regra sem utilizar papel e lápis. Os problemas envolvem multiplicação (1 coco custa x: 4 cocos custam 4x), soma (o preço de 4 cocos mais o preço de 12 limões) e subtração (Cr$ 500,00 menos y, para encontrar o troco). A divisão parece ocorrer menos frequentemente mas aparece em alguns contextos como o quilo de feijão verde custa x, meio quilo custa x/2 ou o quilo de cebola custa x, 200 g custam x/5. A divisão também aparece em situações mais complexas, como no cálculo do preço de um quilo e meio, onde normalmente soma-se o preço de meio quilo ao de um quilo ou no cálculo de um quilo e novecentos gramas onde se subtrai o valor de cem gramas do valor de dois quilos. É interessante notar o uso de valores onde a divisão não é exata e o preço varia de acordo com a quantidade comercializada: o preço de 3 abacates é 25 cruzeiros mas um abacate custa 10 cruzeiros.

Embora ocasionalmente apareçam erros de cálculo, há grande predominância de acertos entre as crianças responsáveis por essas transações comerciais. Entre os modos utilizados na solução, nem as crianças observadas na feira nem seus pais utilizavam lápis e papel para os cálculos, embora nos mercados hortigranjeiros o cálculo escrito pareça ser utilizado com frequência. Ocasionalmente, notamos na feira a utilização de uma tabela onde constavam as multiplicações (1 ovo — 11 cruzeiros; 2 ovos — 22... etc.), porém esse procedimento não parece ser frequente e não surgiu no caso das crianças que foram observadas.

Metodologia

No presente estudo, foram respondidas 63 questões de matemática em um Teste informal e 99 em um Teste Formal por cinco crianças e adolescentes de 9 a 15 anos, cujo nível de escolaridade variava entre a 3ª e a 8ª séries. Devido à relação entre o Teste Informal e o Formal, o Teste Informal foi sempre realizado em primeiro lugar, sendo o Teste Formal realizado em outra data. Ambos os testes eram realizados pelo mesmo examinador para cada criança, embora diferentes examinadores tenham trabalhado com crianças diferentes. Em ambas as ocasiões, o examinador deveria procurar manter um bom *rapport* com o sujeito. No Teste Formal, o examinador introduzia lápis e papel e pedia-se ao sujeito que resolvesse as continhas no papel.

1. O Teste Informal

No Teste Informal, os participantes eram avaliados no contexto em que naturalmente resolvem problemas de matemática, ou seja, na feira, na barraca de cocos, junto ao carrinho de pipoca etc. O entrevistador propunha questões sucessivas sobre transações realizadas de fato ou a serem aparentemente realizadas, obtendo respostas verbais para os problemas. Algumas dessas entrevistas foram gravadas enquanto em outras um observador anotava os detalhes das transações. Além disso, algumas transações foram realizadas sem qualquer questionamento sobre o processo de obtenção dos resultados, enquanto em outras o examinador procurava obter respostas verbais descritivas do processo utilizado pelo sujeito, tendo como referência indicações metodológicas descritas em Carraher e Schliemann (1982). O método de estudo neste Teste Informal aproxima-se do método clínico-piagetiano, uma vez que o entrevistador interfere diretamente no desenrolar dos acontecimentos, propondo questões sucessivas a fim de esclarecer os processos pelos quais os sujeitos obtêm suas respostas. Por outro lado, o método aproxima-se também da observação participante, uma vez que as questões são colocadas no decorrer de uma interação vendedor-freguês, em que o freguês "tem o direito" de fazer certas perguntas como "quanto custam *n* cocos?", "quanto deu o total?", ou "quanto vai dar de troco?". Caracterizamos, pois, o procedimento usado no Teste Informal como uma inovação metodológica resultante da "*cross*-fertilização" entre o método piagetiano e a observação participante. O participante não desempenha simplesmente o papel de "freguês", que lhe caberia na observação participante, mas torna-se um freguês-examinador, que não apenas recebe o troco mas pergunta "quanto vou receber de troco?" e verifica o processo de obtenção do resultado.

2. O Teste Formal

A fim de preparar o Teste Formal, os problemas resolvidos pelos sujeitos durante o Teste Informal eram inicialmente representados matematicamente, utilizando-se, em algumas ocasiões, mais de uma representação para um único problema. Vejamos um exemplo. M., um vendedor de cocos de 12 anos, 3ª série, resolveu o seguinte problema no Teste Informal.

Freguês: Quanto é um coco?
M.: Trinta e cinco.

Freguês: Quero dez cocos. Quanto é dez cocos?
M.: (Pausa) Três são 105, com mais três é 210. (Pausa) Tá faltando quatro. É... (pausa) 315... parece que é 350.

O problema pode ser representado matematicamente de mais de uma forma. 35 × 10 constitui uma representação aceitável da *pergunta* proposta pelo freguês/examinador, enquanto 105 + 105 + 105 + 35 constitui provavelmente uma representação adequada da resposta sendo que 35 × 10 foi desmembrado pelo sujeito em (3 × 35) + (3 × 35) + (3 × 35) + 35. Entre os subproblemas resolvidos corretamente por M. na situação descrita acima temos pelo menos, os seguintes:

a) 35 × 10;

b) 35 × 3 (que pode ser conhecido de memória);

c) 105 + 105;

d) 210 + 105;

e) 315 + 35;

f) 3 + 3 + 4;

g) 3 + 3 + 3 + 1.

Ao representarmos matematicamente os problemas resolvidos pelo sujeito no Teste Informal estamos, de fato, buscando uma representação formal da competência do sujeito. M. mostrou-se, de fato, competente em encontrar o resultado da multiplicação 35 × 10, passando por outras vias que a tradicionalmente ensinada na escola de apenas "colocar um zero no final ao fazer uma multiplicação por dez". Ao resolver 35 × 10 de acordo com seu método, M. resolveu os vários subproblemas apresentados acima, de *a* até *g*.

Após representarmos matematicamente os problemas resolvidos pelos sujeitos no Teste Informal, uma amostra destes problemas era selecionada para inclusão no Teste Formal.

No Teste Formal, a amostra de problemas selecionada aparecia: a) sob a forma de operações aritméticas a serem resolvidas sem qualquer contexto e a partir de sua representação no papel, ou b) sob a forma de problemas do tipo escolar, como "Maria comprou... bananas, cada banana custava..., quanto dinheiro ela gastou?". Em ambos os casos, *utilizou-se para cada criança os mesmos números com os quais a criança havia operado na situação informal*, tendo pois os números utilizados diferido de uma criança para outra.

Duas variações foram introduzidas nas questões do teste formal, seguindo sugestões metodológicas de Reed e Lave (1979):

1) em alguns casos, pedia-se ao sujeito no teste formal que resolvesse o inverso da operação realizada no teste informal (500 – 385, por exemplo, podia aparecer como 385 + 115);

2) em certos problemas, a casa decimal podia variar do Teste Informal para o formal (40 cruzeiros podia aparecer como 40 centavos ou 35 podia passar para 3,500 no Teste Formal).

Resultados

A análise dos resultados do Teste Informal envolveu inicialmente uma decisão sobre a definição de "problema" nesta situação. Enquanto que, no Teste Formal, os problemas são definidos de antemão pelo examinador, no Teste Informal eles são gerados na situação, sendo a sua delimitação feita *a posteriori*. A fim de não aumentar indevidamente o número de "problemas" resolvidos no Teste Informal, os problemas foram delimitados com *base nas questões propostas* pelo freguês-examinador, embora o sujeito pudesse, ao buscar a solução, ter resolvido vários subproblemas intermediários (como no exemplo discutido na descrição da metodologia). Desta forma, a estimativa do número de problemas resolvidos na situação natural é conservadora e segue o mesmo critério utilizado no Teste Formal, em que os problemas são delimitados antecipadamente de acordo com as questões a serem propostas pelo examinador.

Os resultados indicaram uma decisiva influência do contexto, sobre a solução de problemas de matemática, como mostra a Tabela 1, que apresenta os dados referentes ao desempenho de cada criança em cada contexto.

Em termos globais, dos 63 problemas apresentados no Teste Informal, 98,2% foram resolvidos corretamente enquanto que, no Teste Formal, apenas 36,8% das operações e 73,7% dos problemas foram resolvidos corretamente. A frequência de respostas corretas para cada sujeito foi convertida em valores de 1 a 10. A análise de variância de Friedman sobre esses valores revelou uma diferença significativa entre

TABELA 1

Frequência de erros (E) e acertos (C) para cada criança em cada um dos testes

Criança	TESTE INFORMAL			TESTE FORMAL					
				a) Operações aritméticas			b) Problemas		
	C	E	Total	C	E	Total	C	E	Total
M	18	0	18	2	6	8	11	0	11
P	17	2	19	3	5	8	11	5	16
Pi	12	0	12	3	3	6	11	0	11
MD	7	0	7	1	9	10	4	8	12
S	7	0	7	5	1	6	8	3	11
Totais	61	2	63	14	24	38	45	16	61

os testes (Informal, Operações aritméticas e Problemas), obtendo-se $x^2_r = 6{,}4$ e $p = 0{,}039$.

Poder-se-ia supor que os erros no Teste Formal ocorreriam mais frequentemente naquelas situações em que os dados cortantes do problema resolvido informalmente foram modificados, seja por mudança da casa decimal, seja por inversão da operação utilizada. Entretanto, a análise dos acertos e erros nos problemas formais em que tais modificações foram introduzidas mostra que a proporção de acertos nos mesmos é maior em quatro crianças e menor em uma delas. Tais modificações não podem, portanto, explicar a discrepância de *performance* entre o Teste Formal e o Informal.

Observemos que a *performance* das crianças, além de ter sido nitidamente superior no Teste Informal, onde as operações estão inseridas em situações reais, foi também, no Teste Formal, melhor nos problemas com situações imaginárias (parte b) do que nas operações simples (parte a).

Esses dados parecem, pois, confrontar a noção implícita mas tacitamente aceita na escola de que, em primeiro lugar, devemos ensinar às crianças as operações aritméticas isoladas de qualquer contexto, para depois apresentar essas mesmas operações no contexto de problemas.

As habilidades requeridas para resolver problemas, segundo este modelo implícito, seriam sequenciais e independentes, envolvendo pelo menos os seguintes passos:

1) interpretação do problema;
2) determinação da operação a ser realizada;
3) efetuação da operação.

Segundo este modelo tradicional, efetuar a operação seria, portanto, mais simples do que resolver um problema com a mesma operação uma vez que a operação envolve apenas um dos passos necessários à solução do problema.

Podemos supor, à vista desses resultados, que a análise lógica implicada na solução de um problema facilita a realização da operação, por inseri-la num sistema de significados bem compreendidos, em vez de constituir uma habilidade isolada que é executada numa sequência de passos, os quais levariam à solução.

Estes resultados encontram paralelo nos experimentos de Wason e Shapiro (1971), Lunzer, Harrison e Davey (1972) e Johnson-Laird, Legrenzi e Sonino Legrenzi (1972). Tais estudos demonstram como a solução para um problema envolvendo o raciocínio lógico, o qual fora estudado por Wason (1968), tornava-se acessível para a maioria dos sujeitos testados quando os dados se referiam a um contexto real de tarefas de trabalho. Surpreendentemente, quando o problema era apresentado sob forma simbólica, sem ligações com atividades reais, a sujeitos com alto nível de inteligência (na maioria dos casos estudantes universitários ou profissionais de nível universitário), raramente ocorriam acertos na tarefa.

Visando esclarecer a discrepância entre o desempenho no Teste Formal e no Teste Informal, foi feita uma análise minuciosa dos processos de resolução que haviam sido explorados através do método clínico. Essa análise qualitativa dos resultados sugere que os algoritmos ensinados na escola para a realização de operações aritméticas podem constituir um obstáculo para o raciocínio da criança, talvez por interferir com o significado dos próprios números com os quais a criança deve operar. Por ex., MD, uma menina de 9 anos, na 4ª série primária, mostrou a seguinte *performance* no Teste Informal:

Freguês: Quanto é dois cocos?
MD: Oitenta.
Freguês: Tome, uma nota de duzentos. Quanto vai ser meu troco?
MD: Cento e vinte.

No Teste Formal, MD mostrou o seguinte desempenho:

Examinador: Faça essa conta agora, 200 menos 80.
MD escreve:

$$\begin{array}{r} 200 \\ -\ 80 \\ \hline 800 \end{array}$$

E.: Como é que você fez?
MD: Abaixa o zero aqui e aqui (mostra os zeros do resultado). Aqui dá 8.

A regra de "abaixar zeros", própria da multiplicação, dificilmente pode ser inserida num sistema de operações significativas com números. Outro exemplo pode ser observado com M., 12 anos, 3ª série primária. No Teste Informal, M. não teve qualquer dificuldade em calcular o troco para 200 cruzeiros, sendo 35 o preço de um coco. No Teste Formal, realizou a operação 200 – 35, obtendo como resultado 90, e ofereceu a seguinte explicação:

M.: 5 para chegar em zero, nada, vai 1; 3 para chegar em 12 faltam 9.

M., aparentemente, ao fazer vai-um, transforma o 2 do 200 em 12.

Ainda um terceiro exemplo, para ilustrar a confusão com o "vai-um" em outra situação. Ao resolver 35 × 3, que M. parecia saber de memória ao vender cocos, ele obteve 125 e ofereceu a seguinte explicação: 3 vezes 5, 15; vai 1. 3 mais 1, 4; 3 vezes 4, 12."

Outro aspecto a salientar nos resultados, que provavelmente tem, como o aspecto discutido acima, uma certa participação na inconsistência no desempenho das crianças nas três condições, foi a discrepância entre a *performance* oral e escrita. Esta discrepância foi observada em todos os sujeitos, sendo porém mais acentuada em dois deles. Por exemplo, S., um menino de 11 anos, na 4ª série, resolveu corretamente 5 das 6 operações aritméticas de seu Teste Formal, se considerarmos apenas sua *performance* oral (como o fizemos na Tabela 1). Porém, embora tenha dado respostas verbais corretas para as operações 200 – 80 e 40 × 3, seu desempenho escrito não poderia ser considerado correto nesses casos. Este está reproduzido na Figura 1.

FIGURA 1

Respostas orais e escritas apresentadas por S. a duas das operações aritméticas do Teste Formal

Operação: 200 – 80	Operação: 40 × 3
Oral: 120	Oral: 120
Escrito: 200 − 800 = 200	Escrito: 40 × 3 = 12.00

Ressalta-se também, no exemplo de S., o modo de resolver os problemas formais. Em todos os problemas, ele olhava para cima ou para um lado e, após algum tempo, apresentava a resposta. Quando indagado sobre o modo de resolução utilizado, ele respondia que fazia "na cabeça". Apenas para reconstituir o problema S. usava lápis e papel, embora não os utilizasse para facilitar a resolução (por exemplo, para reduzir a carga na memória de processamento). Tentativas por parte do entrevistador de encorajar o uso de lápis no decorrer do problema não tiveram êxito, com uma exceção: quando S. demonstrou como a professora fazia os problemas. Mas o menino deixou claro que seu modo "natural" de fazer contas é "na cabeça".

O exemplo extremo de dificuldade no uso do lápis e papel é o de P., um menino de 13 anos que abandonara a escola aos 11 anos, trabalhando agora na venda de verduras e frutas como empregado do dono de uma barraca. P. recusou-se a usar lápis e papel no Tesce Formal, embora reconhecesse os dígitos e, ao tentar, após muita insistência, escrever alguns números, o fez de forma extremamente vagarosa e imperfeita, declarando que esquecera o que fazia antes na escola. É interessante notar que o dono da barraca para quem P. trabalhava declarava com orgulho não saber ler nem escrever e ser capaz de administrar o negócio de 10 barracas espalhadas pela feira.

Discussão e conclusões

Os resultados desse estudo exploratório são deveras surpreendentes. Não era de se esperar uma discrepância tão grande entre a *performance* em contexto informal e em contexto "escolar". O que podemos concluir desta enorme discrepância?

A primeira constatação é que existem múltiplas lógicas corretas na resolução de cálculos. A escola nos ensina como deveríamos multiplicar, subtrair, somar e dividir; esses procedimentos formais, quando seguidos corretamente, funcionam. Entretanto, as crianças e adolescentes no presente estudo demonstraram utilizar métodos de resolução de problemas que, embora totalmente corretos, não são aproveitados pela escola. Entre estes procedimentos "naturais" ou "inventados", para usar a terminologia de Resnick (1980), destaca-se o uso do que pode ser chamado de composição do problema: o indivíduo determina a resposta de um subproblema simples e vai juntando componentes simples até compor a resposta do problema global. Examinemos, por exemplo, a resposta abaixo de S.:

E.: Numa escola tem 12 salas de aula. Em cada sala tem 50 alunos. Quantos alunos tem na escola toda?

S.: 600 (sua explicação...) 12 classes; 2 juntas, 2 são 100 (alunos...) 4 são 200; 6 são 300; 8 são 400; 10 são 500; 12 são 600.

Note-se que o problema maior não é decomposto; o sujeito compõe a solução em vez de decompor o problema.

Outro exemplo está na explicação dada por P.:

E.: (1 abacate é Cr$ 5) Quanto são 9?

P.: 45.

E.: Por quê?

P.: 7 são 35, com mais 1, 40; com mais 1, 45. (P. já havia determinado que 7 custam Cr$ 35 em um problema anterior).

Nessa composição, o sujeito trabalha por *chunking* ou pelo agrupamento de porções da resposta até obter o total. O mesmo caso de S., acima, exemplifica o uso dessas unidades de análise com que a criança se sente à vontade. Estas unidades podem ser pares ou assumir valores referentes ao agrupamento usado habitualmente no comércio (4 limões a 10 cruzeiros, por exemplo). Assim, a criança compõe o problema global, usando agrupamentos "naturais".

É possível que uma criança adquira fluência nos métodos informais de composições ou uso de unidades naturais, sem dominar os métodos escolares (regras de vai-um; multiplicação feita por escrito, começando-se com a casa de unidades; colocação convencional de números no papel etc.). Aliás, esta foi a situação geralmente verificada em nossos sujeitos. No seu trabalho no comércio, as crianças resolviam bem os problemas através de técnicas que não são aproveitadas pela escola, embora funcionem bem e levem ao resultado certo.

Seria ingênuo defender a ideia de que o sistema de cálculo em uso nas escolas é inerentemente superior ao sistema utilizado por nossos sujeitos. Já indagamos informalmente de diversas pessoas da classe média, no Brasil — educadores, psicólogos, alunos de pós-graduação, professores — sobre suas maneiras de resolver problemas simples de cálculo. A grande maioria das pessoas abordadas não faz os cálculos de acordo com os procedimentos aprendidos na escola. Consideremos, por exemplo, o problema *verbal* 45 mais 35. Algumas pessoas ao resolvê-lo somam 40 com 30 e depois adicionam 10 (5 + 5). Outras somam 5 a 45, obtendo 50 e depois somam 30. Raras vezes um indivíduo soma 5 + 5, faz o "vai-um", soma o 1 com o 4 e depois acrescenta o 3.

Outra interpretação que poderia surgir para os resultados deste estudo é a de que nossos sujeitos são mais concretos, resolvendo os problemas concretos (situação natural) e problemas verbais escolares, com mais facilidade que os problemas "abstratos" (contas consistindo exclusivamente de números e operações, sem contexto específico). Porém, esta conclusão não recebe apoio nos dados. Primeiro, não há nada na natureza de um coco que facilite a computação de que 3 cocos de Cr$ 35 cada custarão Cr$ 105. Dizer que o problema envolve cocos ou limões ou pipocas não simplifica a aritmética do problema.

Segundo, lembramos que os cálculos "naturais" são feitos mentalmente, sem o auxílio de lápis e papel para anotar os subtotais e cálculos intermediários. Assim, ao resolver problemas pelos procedimentos "naturais", certas facilidades existentes nos problemas escolares não são utilizadas.

O argumento de que as crianças simplesmente decoraram as respostas corretas também não encontra apoio nas observações. Havia, certamente, instâncias isoladas em que a criança respondia rapidamente dando a impressão de haver memorizado a resposta. Entretanto, na grande maioria dos casos, a criança precisava parar, refletir e calcular mentalmente antes de responder. E as justificativas demonstram claramente a derivação da resposta por procedimentos naturais como no seguinte exemplo:

E.: Quanto é 6 limões?

P.: (Pausa).

Dono da barraca: (Não sabe quanto é? Oxente!)
(Admirado por que a criança não responde de imediato.)
P.: 15 (cruzeiros).
E.: Como você sabe?
P.: Eu aprendi.
E.: Como você fez?
P.: 4 (limões) é 10 (cruzeiros) e 2 (limões) é 5 (cruzeiros). Então são 15 cruzeiros.

Poder-se-ia argumentar que a dificuldade sistemática em resolver os problemas nas situações formais estaria nas diferenças linguísticas existentes entre a versão formal e a versão informal. No caso de problemas envolvendo subtração, por exemplo, na versão natural, retira-se uma quantidade de outra enquanto que, na versão escolar, a operação é indicada pela palavra "menos". Entretanto, parece-nos difícil acreditar que a *performance* nos problemas escolares possa ser melhorada como resultado apenas de um treino no significado das palavras usadas. A distinção entre as situações naturais e as situações escolares parece constituir o fenômeno mais fundamental e mais importante.

Em síntese, neste estudo a combinação do método etnográfico com o método clínico piagetiano mostrou-se especialmente adequada na descoberta da competência numérica de crianças que, em contextos mais próximos do escolar, apresentam rendimento insatisfatório. Com base nesta proposta metodológica, acreditamos que duas grandes linhas de pesquisa possam ser desenvolvidas. A primeira consistirá em ampliar o estudo ora realizado explorando mais amplamente as habilidades demonstradas pela criança no contexto da escola e em contextos mais naturais como o local de trabalho, a área de brincadeiras e a própria casa. A segunda terá como objetivo esclarecer os processos através dos quais a criança adquire a compreensão do sistema numérico tornando-se capaz de operar eficazmente em contextos naturais.

Dentro desse contexto, o fracasso escolar aparece como um fracasso da escola, fracasso este localizado: a) na incapacidade de aferir a real capacidade da criança; b) no desconhecimento dos processos naturais que levam a criança a adquirir o conhecimento; c) na incapacidade de estabelecer uma ponte entre o conhecimento formal que deseja transmitir e o conhecimento prático do qual a criança, pelo menos em parte, já dispõe.

Bibliografia

BIRCH, H. G. *Health and education of socially disadvantaged children.* Washington, D. C., U. S. Department of Health: Education and Welfare, 1967.

BROOKS, C. K. Some approaches to teaching English as a second language. In: WEBSTER, S. W. (Org.). *The disadvantaged learner.* San Francisco: Chandler Publishing Co., 1966. p. 516-17.

CAMPOS, M. M. M. Participantes ou marginais: estilos de socialização em famílias de São Paulo e Brasília. *Cadernos de Pesquisa*, n. 14, p. 75-86, 1975.

CARRAHER, T. N.; CARRAHER, D. W. Do Piagetian stages describe the reasoning of unschooled adults? *The Quartely Newsletter of the Laboratory of Comparative Human Cognition*, 1981, n. 3, p. 61-68.

______; SCHLIEMANN, A. D. A adição e a subtração na escola primária: algoritmos ensinados e estratégias aprendidas. *Revista Brasileira de Estudos Pedagógicos*, v. 64, n. 148, p. 232-42.

COIMBRA, I. D. Reprovação escolar na primeira série do primeiro grau: um estudo comparativo de grupos de alunos pertencentes a uma população economicamente desfavorecida. In: GOLDBERG, M. A. et al. *Seletividade socioeconômica no ensino de 1º grau.* Rio de Janeiro: Achiamé/ANPEd, 1981. p. 63-80.

COLE, M. An ethnographic psychology of cognition. In: JOHNSON-LAIRD, P. N.; WASON, P. O. (Orgs.). *Thinking. Readings in cognitive science.* Londres: Cambridge University Press, 1977. p. 468-82.

______; GAY, J.; GLICK, J.; SHARP, R. *The cultural context of learning and thinking.* Nova York: Basic Books, 1971.

FORACCHI, M. M. A noção de participação-exclusão no estudo das populações marginais. *Debate e Cultura*, n. 2, p. 161-8, 1974.

FREITAG, B. *Escola, Estado e sociedade.* 3. ed. rev. São Paulo: Cortez e Moraes, 1979.

FRIEDMAN, N. L. Cultural deprivation: a commentary on the sociology of knowledge. *Journal of Educational Thought*, v. 1, n. 2, p. 88-99, 1967.

GAY, J.; COLE, M. *The new mathematics and an old culture.* Nova York: Holt, Rinehart & Winston, 1967.

HEATH, S. B. What no bedtime story means: narrative skills at home and school. *Language in Society*, v. 11, 1982a.

______. *Ways with words.* Cambridge: Cambridge University Press, 1983.

HOGGART, R. *The uses of literacy.* Londres: Penguin, 1977 [primeira publicação em 1957].

JOHNSON-LAIRD, P. N.; LEGRENZI, P.; SONINO-LEGRENZI, M. Reasoning and a sense of reality. *British Journal of Psychology*, n. 63, p. 395-400, 1972.

LABOV, W. The logic of nonstandard English. In: WILLIAMS, R. (Org.). *Language and poverty.* Chicago: Markham, 1969. p. 444-472.

LEACOCK, S. Abstract *versus* concrete speech: a false dichotomy. In: CAZDEN, C. et al. (Orgs.). *Functions of language in the classroom.* Nova York: Teachers College Press, 1972. p. 121-34.

LEWIS, O. The children of Sanchez, Pedro Martinez and la vida. *Current Anthropology*, v. 8, n. 5, p. 430-99, 1967.

LUNZER, E. A.; HARRISON, C.; DAVEY, M. The four-card problem and the development of formal reasoning. *Quarterly lournal of Experimental Psychology*, n. 24, p. 326-39, 1972.

PATTO, M. H. S. *Privação cultural e educação pré-primária.* Rio de Janeiro: José Olympio, 1973.

PERLMAN, J. E. O *mito da marginalidade.* Rio de Janeiro, Paz e Terra, 1977.

POPPOVIC, A. M. Enfrentando o fracasso escolar. *Ande*, revista da Associação Nacional de Educação, v. 1, n. 2, p. 17-21, 1981.

______; ESPOSITO, Y. L.; CAMPOS, M. M. M. Marginalização cultural: subsídios para um currículo pré-escolar. *Cadernos de Pesquisa*, n. 14, p. 7-73, 1975.

PORTO, I. A. Estudo sobre a integração social em um complexo escolar em Recife no período de 1972-73. In: GOLDBERG, M. A. et al. (Orgs.). *Seletividade socioeconômica no ensino de 1º grau*. Rio de Janeiro: Achiamé/ANPEd, 1981.

REED, H. J.; LAVE, J. Arithmetic as a tool for investigating relations between culture and cognition. *American Ethnologist*, n. 6, p. 568-82, 1979.

RESNICK, L. The role of invention in the development of mathematical competence. In: KLUWE, R. H.; SPADA, H. *Developmental models of thinking*. Nova York: Academic Press, 1980. p. 213-44.

SILVA, A. C. da. Pobreza, desenvolvimento mental e desempenho escolar. *Cadernos de Pesquisa*, n. 29, p. 7-9, 1979.

WASON, P. C. Reasoning about a rule. *Quarterly Journal of Experimental Psychology*, n. 20, p. 273-81, 1968.

______; SHAPIRO, D. Natural and contrived experience in a reasoning problem. *Quarterly Journal of Experimental Psychology*, n. 23, p. 63-71, 1971.

Capítulo 3

Matemática escrita *versus* matemática oral*

Terezinha Nunes
David W. Carraher
Analúcia D. Schliemann

A matemática é hoje tanto uma *ciência* como uma *habilidade necessária à sobrevivência* numa sociedade complexa e industrializada. Para ganhar a vida, as crianças das camadas mais pobres da população devem, desde bem cedo, engajar-se nas atividades do setor informal da economia. Esta participação das crianças ocorre de diversas formas — vendendo doces, pirulitos, picolés etc. na rua; carregando compras nas feiras e nos mercados públicos; lavando e vigiando carros em estacionamentos; trabalhando em jardins ou, na pior das hipóteses, pedindo esmolas. Com 10-11 anos, as crianças já podem ter seu próprio "negócio" ou ajudar seus pais, substituindo-os em suas ausências eventuais na barraca na feira, por exemplo. Esta atividade econômica faz com que a matemática elementar seja uma habilidade necessária à sobrevivência

* Os dados deste estudo foram apresentados no trabalho "Written and oral mathematics", publicados pelo *Journal for Research in Mathematics Education*, n. 18, p. 83-97. Este capítulo é uma versão adaptada e atualizada da anterior.

entre as crianças das classes populares nas cidades grandes. Em suas atividades, as crianças resolvem inúmeros problemas de aritmética e certamente aprendem muito nessas situações. No entanto, fracassam na escola, mesmo na aritmética. Carraher e Schliemann (1982) realizaram um estudo sobre o sucesso em matemática entre crianças de diferentes classes sociais em seu primeiro ano de aprendizagem formal de matemática na escola. Para as crianças de classe média, esse primeiro ano é constituído pela primeira série nas escolas particulares em Recife e, para as crianças de classes populares, pela segunda série nas escolas públicas. Os resultados mostraram que 98% das crianças das escolas particulares foram aprovadas ao final do ano, contra apenas 68% das crianças das escolas públicas. No entanto, os dados sobre suas habilidades cognitivas em geral e matemáticas em particular não mostraram diferenças significativas entre esses dois grupos.

Qualquer observador mais atento das atividades das crianças na rua pode constatar o seu sucesso ao lidar com problemas aritméticos no desempenho de funções ligadas ao setor informal da economia. Carraher, Carraher e Schliemann (1982; 1985, *vide* cap. 2), preocupados com o problema do fracasso escolar dessas crianças que demonstram um conhecimento matemático na rua, resolveram investigar, em um estudo controlado, as diferenças entre o desempenho em problemas aritméticos no trabalho e o desempenho em problemas semelhantes aos que ocorrem no trabalho mas que são apresentados de forma semelhante à utilizada na escola. Carraher, Carraher e Schliemann (1982, 1985) puderam assim constatar que, embora os problemas aritméticos em seu estudo envolvessem os mesmos números e as mesmas operações, o índice de sucesso das crianças na rua, ao resolverem problemas enquanto trabalhavam, era igual a 98%, enquanto que, nos exercícios de computação do tipo escolar, este índice caía para 37%.

Por que essa diferença entre a matemática como habilidade de sobrevivência e a matemática da escola? As diferenças entre uma situação de venda em uma feira e uma situação escolar são tantas que é difícil saber o que leva as crianças a se saírem muito bem nos problemas na vida e a demonstrarem tantas dificuldades ao resolverem problemas na escola. Por exemplo, a relação entre o examinador e a criança nas duas situações é diferente. No estudo de Carraher, Carraher e Schliemann (1982, 1985), o examinador desempenhava o papel de um freguês que fazia compras na feira, não havendo, por isso, qualquer razão para que o sujeito se sentisse ansioso ou inibido durante o "teste", como poderia acontecer na situação de tipo escolar. Além disso, é possível que a motivação não seja a mesma na situação de venda na rua e na escola. Na venda, um erro a favor do freguês implica perda de dinheiro e um erro contra pode resultar na perda do freguês. Na escola, as consequências do erro certamente não são as mesmas, o que torna difícil avaliar se o tipo e o nível de motivação nas duas situações podem ser comparados. No entanto, é possível que a explicação para essa grande diferença entre a eficiência das crianças na escola e na venda não resulte de diferenças nem na motivação nem no relacionamento com o examinador, mas de diferenças nas estratégias cognitivas escolhidas para a resolução dos problemas.

Vários autores já analisaram os procedimentos informais utilizados na resolução de problemas de aritmética. Reed e Lave (1981) propuseram uma distinção entre duas abordagens distintas na solução de problemas de aritmética: uma delas é denominada "manipulação de quantidades" e a outra, "manipulação de símbolos". Scribner (1984) sugeriu uma distinção entre a "leitura literal" do problema e sua "interpretação de modo flexível". Outros (Plunkett, 1979; Crockcroft, 1985) trataram os procedimentos informais como idiossincráticos, afastando a possibilidade de que eles possam refletir a compreensão básica de alguns aspectos do número e das operações por parte do sujeito. Entretanto, descrições mais detalhadas sobre os procedimentos formais e informais de resolução de problemas aritméticos são necessárias para que as implicações destas descobertas para o ensino de matemática tornem-se mais claras.

O presente estudo teve como objetivos: a) investigar mais sistematicamente o efeito da situação sobre a escolha de procedimentos e sobre a eficiência na resolução de problemas aritméticos; b) obter uma descrição mais detalhada dos procedimentos informais, contrastando-os com os procedimentos formais. As mesmas situações do estudo apresentado no capítulo anterior (Carraher, Carraher e Schliemann, 1982, 1985) foram utilizadas neste estudo. Entretanto, a situação real de venda foi substituída neste estudo por uma situação de venda simulada. As crianças foram testadas sob diferentes condições pelo mesmo examinador em apenas um contexto, o contexto de um teste do tipo escolar. Assim, não havia diferença substancial na relação entre o examinador e o sujeito por meio das situações. No entanto, as situações criadas para a apresentação dos problemas eram diferentes.

Método

Sujeitos

Participaram desta investigação 16 alunos da terceira série de duas escolas públicas da cidade do Recife, aleatoriamente escolhidos, na faixa etária de 8 a 13 anos e tendo, em média, 11,5 anos de idade. Todos eles haviam recebido instrução sobre os algoritmos escolares para resolver adições, subtrações, multiplicações e divisões, tendo o ensino da divisão ocorrido dois meses antes do início deste estudo. Os alunos que participaram do estudo não foram localizados em atividades de venda na rua, como os que participaram da investigação anterior, mas na escola. Desta forma, os resultados têm maior poder de generalização, uma vez que a amostra não tinha condições especiais de prática da matemática na vida diária.

Procedimento

A situação de teste foi experimentalmente manipulada dentro de um mesmo contexto. A professora apresentava o pesquisador às crianças como um professor interessado em saber como elas resolviam problemas de matemática. A perspectiva da criança era, provavelmente, a de estar sendo entrevistada por uma professora de fora. Dentro desse contexto geral, os problemas aritméticos eram apresentados em três situações: a) uma situação simulada de venda, na qual a criança desempenhava o papel de dona de uma loja e o examinador era o freguês; b) sob a forma de problemas verbais, como pequenas histórias; ou c) como exercícios de computação, isto é, como continhas a serem resolvidas. Na situação simulada de venda, eram colocados sobre a mesa os objetos a serem vendidos simuladamente, como carrinhos, bonecas, bolas de gude etc. Os problemas verbais eram do tipo mais simples dentre os descritos por Vergnaud (1982), para as estruturas aditivas, e por Brown e Burton (1978), para a multiplicação, de forma a minimizar a dificuldade do problema, uma vez que o objetivo do estudo era analisar os procedimentos de computação. Os exercícios de computação envolviam números sem qualquer referência a objetos do mundo real ou a acontecimentos, constituindo, portanto, exercícios de "puro cálculo".

Os números envolvidos nos cálculos foram distribuídos através das situações de forma a que as diferenças entre elas não pudessem ser atribuídas a diferenças nos valores a serem computados. A ordem de apresentação das situações obedeceu a um plano em quadrado latino para cada grupo de três crianças; dessa forma, nem a prática, nem o cansaço, ou qualquer outro fator de ordem poderia explicar as possíveis diferenças entre as situações. Foram planejadas cinco replicações por célula, mas uma criança a mais foi, por engano, incluída em uma das células e seus dados foram incluídos na análise. Papel e lápis foram colocados em frente à criança durante toda a entrevista, mas ela era avisada de que podia usar qualquer procedimento que quisesse para encontrar a resposta para cada um dos problemas, não sendo necessário fazer as contas no papel. Cada criança resolveu 10 problemas em cada uma das três situações, distribuídas em uma ou duas seções. A Tabela 1 mostra os três conjuntos de combinações de números utilizados nas situações-problema. A Tabela 2 mostra os enunciados dos problemas de venda e dos problemas verbais juntamente com dois dos conjuntos de combinações apresentados na Tabela 1.

TABELA 1

Combinações de números utilizados para os problemas das três situações

	Combinações														
A.	60	+	240	115	+	15	195	+	57	40	×	3	12	×	50
	200	-	35	210	-	105	143	-	68	100	÷	4	75	÷	5
B.	115	+	15	420	+	80	210	-	105	15	×	50	4	×	25
	500	-	70	195	+	57	252	-	57	120	÷	3	100	÷	4
C.	200	-	35	210	-	105	80	+	420	3	×	40	50	×	12
	106	+	106	185	+	68	243	-	75	75	÷	5	100	÷	4

TABELA 2

Enunciados dos problemas

Problemas verbais:

1. Marcos foi ao cinema. Ele gastou 60 cruzeiros com o ônibus e 240 com a entrada do cinema. Quanto ele gastou ao todo?
2. Eu comprei uma manga por 35 cruzeiros. Paguei com uma nota de 200 cruzeiros. Qual é o meu troco?
3. Em uma escola tem 12 salas de aula. Em cada sala tem 50 crianças. Quantas crianças existem nesta escola?
4. Dona Maria deu 100 cruzeiros para 4 meninos que lavaram seu carro. Eles dividiram o dinheiro igualmente entre eles. Quanto dinheiro recebeu cada menino?
5. João tinha 197 bolas de gude. Ele jogou com Paulo e ganhou 57 bolas. Quantas bolas ele tem agora?
6. Eu tinha 210 figurinhas na minha coleção. Perdi 105. Quantas eu tenho agora?
7. Roberto tinha 143 bolas de gude. Ele jogou com um amigo e perdeu 68 bolas. Quantas ele tem agora?
8. Pedro comprou 40 ovos. Cada ovo custa 3 cruzeiros. Quanto dinheiro ele gastou?
9. "Seu" Manoel deu 75 bolas de gude para 5 meninos, para dividir entre eles. Cada menino devia ficar com a mesma quantidade de bolas. Com quantas bolas ficou cada menino?
10. José comprou uma bola por 115 cruzeiros e um carrinho por 15 cruzeiros. Quanto dinheiro ele gastou?

*Problemas de venda simulada**

1. Um anel custa 115 cruzeiros. Um bombom custa 15. Eu quero um de cada. Quanto tenho que lhe pagar?

* Nesta situação o examinador sempre se referia a objetos que estavam em frente à criança.

2. A caneta custa 70 cruzeiros. Eu vou pagar com uma nota de 500 cruzeiros. Qual é o meu troco?
3. Cada lápis custa 25 cruzeiros. Eu quero 4 lápis. Quanto tenho que pagar?
4. O preço de 4 carrinhos é 100 cruzeiros. Eu quero comprar somente um carrinho. Qual é o preço de um carrinho?
5. Eu quero comprar essa caneta que custa 195 cruzeiros e essa bola que custa 57. Quanto vou ter que pagar?
6. Essa boneca custa 420 cruzeiros e esse lápis custa 80. Eu vou comprar os dois. Quanto eu vou ter que pagar?
7. Você tinha 252 lápis. Você vendeu 57. Quantos lápis você ainda tem na sua loja?
8. Eu tenho 210 cruzeiros no meu bolso. Eu quero comprar esse saco de bolinhas de gude. Você está vendendo o saco por 105. Com quanto dinheiro eu vou ficar?
9. Três dessas espingardinhas custam 120 cruzeiros. Quanto custa cada uma?
10. Você vende cada um desses lápis com borracha por 50 cruzeiros. Eu quero 15 deles. Quanto vou ter que pagar?

Cada criança foi entrevistada individualmente segundo os princípios do método clínico piagetiano. Todos os problemas foram apresentados oralmente. Quando a criança falava baixinho durante a resolução de um problema, pedia-se à criança que falasse alto. Se o procedimento de resolução não estivesse claro para o examinador, pedia-se à criança que justificasse sua resposta. Nos casos em que o procedimento escolhido inicialmente consistia no uso de lápis e papel, sem que uma resposta correta fosse encontrada, encorajava-se a criança a tentar uma solução resolvendo o problema "de cabeça". Da mesma forma, se houvesse fracasso ao tentar resolver um problema oralmente, sugeria-se à criança que ela tentasse resolvê-lo por escrito. No entanto, na análise quantitativa apresentada a seguir, apenas as primeiras tentativas de resolução foram incluídas.

Uma descrição do comportamento de cada criança ao tentar resolver cada problema, em cada uma das três situações, foi obtida por meio da transcrição das gravações de todas as entrevistas, juntamente com as notas detalhadas de um observador e o material escrito produzido pela criança. Para pada problema, o procedimento utilizado pela criança foi classificado como oral ou escrito e como certo ou errado.

Resultados e discussão

Respostas corretas

A situação teve um efeito significativo sobre o número de acertos (ver Tabela 3). A diferença no desempenho entre as situações foi avaliada através de uma análise de variância com um único fator e medidas repetidas onde o tipo de situação foi tratado como efeito principal, sendo a variável dependente o número de respostas corretas (ver Tabela 4). O efeito significativo ($F = 12{,}78$, $p < 0{,}01$) observado através dessa análise deveu-se à diferença entre os exercícios de computação (continhas), de um lado, e os problemas verbais e de venda simulada, de outro, uma vez que praticamente não houve diferença entre o desempenho das crianças na vendinha simulada e nos problemas verbais.

TABELA 3

Número médio de respostas corretas em função do tipo de situação

Estatística	Situação*		
	Venda simulada	Problema verbal	Computação
M	5,7	5,6	3,8
DP	2,4	3,1	2,5

Nota: Número máximo de respostas corretas: 10

TABELA 4

Sumário da Análise de Variância com Situação como efeito principal e número de respostas corretas como variável denendente

Fonte	gl	Quadrado médio	F (2, 30)
Situação	2	18,405	12,78*
Sujeitos	15	18,854	
Interação	30	1,440	

2. n = 16 para cada situação.
3. p < 0,01.

Por que os exercícios de computação foram significativamente mais difíceis de resolver que os outros tipos de problema? O fato de as crianças terem tido diante de si objetos concretos não pode explicar o melhor desempenho na situação de venda simulada. A presença de objetos com vários preços não simplifica a aritmética nesses casos, pois as contas referiam-se aos preços e não aos objetos. Os preços não estavam escritos nos objetos. Além disso, nenhuma criança manipulou os objetos ao resolver problemas de adição, subtração ou divisão. Apenas em cinco dos problemas de multiplicação resolvidos na situação de venda simulada (15,6%), quatro dos quais foram corretamente resolvidos, as crianças usaram os objetos para representar o número de vezes que tinham adicionado o preço correspondente a cada objeto. Observe-se ainda que, nos problemas verbais, os objetos não estavam presentes e, ainda assim, o desempenho das crianças nos problemas verbais foi equivalente ao desempenho na situação de venda.

A Tabela 5 mostra a distribuição de respostas corretas segundo a idade dos sujeitos. Devido ao pequeno número de sujeitos em cada célula, nenhuma análise estatística foi realizada sobre esses dados. No entanto, parece existir uma tendência a um melhor desempenho após a idade de 11 anos, tendência esta que é interessante pelo fato de serem os sujeitos mais velhos aqueles que entraram na escola mais tarde ou que repetiram alguma série, ou seja, aqueles chamados "fora de faixa" no Brasil, para os quais as predições de sucesso na escola são bastante desfavoráveis.

TABELA 5

Número médio de respostas corretas por grupo de idade

Idade	n	M
≦ 10	4	11,0
11	4	9,5
12	3	10,3
13	5	21,0

Escolha do procedimento

O efeito da situação sobre a escolha do procedimento foi analisado atribuindo-se, para cada criança, um escore de 1 a 3 que avaliava a preferência relativa em cada situação pelo procedimento oral. A análise de variância de Friedman com relação a esses dados revelou um efeito significativo da situação sobre o tipo de procedimento escolhido: X^2_r (2, N = 16) = 16,9, p < 0,001. A Tabela 6 apresenta o percentual de problemas resolvidos segundo cada procedimento nas três situações. Observa-se claramente que o procedimento oral era o preferido nas situações de venda e de problemas verbais e o procedimento escrito era o mais frequente nos exercícios de computação.

TABELA 6

Percentagem de procedimentos orais e escritos por situação

Procedimento	Situação		
	Venda simulada	Problema verbal	Computação
Adição			
Oral	82	50	10
Escrito	18	50	90
Subtração			
Oral	80	63	10
Escrito	20	37	90
Multiplicação			
Oral	88	69	12
Escrito	12	31	88
Divisão			
Oral	89	71	29
Escrito	11	29	71

O percentual de respostas corretas para cada tipo de procedimento — oral *versus* escrito — foi calculado separadamente para cada tipo de operação aritmética. A Tabela 7 mostra esses resultados. Em todos os casos, a computação oral está associada com uma probabilidade de sucesso mais elevada, embora essa associação seja menos marcante no caso da adição.

TABELA 7

Percentagem de respostas corretas por procedimento e operação*

Operação	Procedimento	
	Oral	Escrito
Adição	75 (65)	68 (75)
Subtração	62 (71)	17 (70)
Multiplicação	80 (54)	43 (42)
Divisão	50 (52)	4 (27)

A maior facilidade do procedimento oral em comparação com o escrito era evidente especialmente quando as crianças não conseguiam resolver algum problema através do procedimento escrito ensinado pela escola, mas imediatamente encontravam a solução quando o examinador sugeria-lhes que usassem o procedimento oral.

Diante da grande diferença entre os dois tipos de procedimento, uma nova análise foi realizada para testar a significância da diferença no número de respostas corretas, em função do tipo de procedimento escolhido — oral ou escrito. O procedimento foi tratado como a variável independente e o percentual de respostas corretas em cada procedimento como a variável dependente. O teste dos sinais revelou que o procedimento oral produzia um número significativamente superior de respostas corretas ($p < 0{,}002$).

* Os números entre parênteses indicam o número total de respostas em cada célula.

Situação *versus* Procedimento

Para analisar a independência do efeito da situação com relação ao procedimento, calculou-se o percentual de respostas corretas de todas as crianças considerando-se a situação (venda simulada, problema verbal e exercício de computação) e o procedimento (oral e escrito) como variáveis independentes. A Tabela 8 mostra estes percentuais e o número de respostas em que aqueles se basearam. Como o número de respostas observadas em duas das células era demasiadamente pequeno, não foi realizada qualquer análise estatística neste caso. Entretanto, a distribuição dos percentuais parece indicar que o efeito da situação sobre o número de respostas corretas desaparece ao se manter constante o tipo de procedimento selecionado pela criança.

TABELA 8

Percentagem de respostas corretas por Situação e Procedimento nas quatro operações

Procedimento	Situação		
	Venda simulada	**Problemas verbais**	**Computação**
Oral	66	67	75
	(125)	(97)	(20)
Escrito	42	39	37
	(24)	(61)	(214)

Nota: Os números entre parênteses representam o número total de respostas em cada célula. Nas edições anteriores, apareceram apenas os dados para a operação de adição.

Diferenças na preferência por um tipo de procedimento

O número de problemas resolvidos por meio do procedimento escrito variou entre 6 e 28, em um total de 30 problemas apresentados a cada criança. O número médio de problemas resolvidos pelo procedimento oral para todas as situações foi de 13,6 por criança. Com base no percentual de problemas resolvidos pelo procedimento escrito, foi possível ordenar as crianças segundo sua preferência por este procedimento. Ao realizar essa análise, foram utilizadas as percentagens de resolução por escrito e não o número de problemas resolvidos desta forma, uma vez que algumas crianças recusaram-se a resolver alguns dos itens com divisão. Correlacionando-se esta medida de preferência pelos procedimentos escritos com o percentual de respostas corretas por criança, através do coeficiente de correlação de Pearson, encontrou-se uma correlação quase nula (r = 0,06). Tal resultado demonstra que as crianças que exibem melhor desempenho na resolução de operações aritméticas não têm uma preferência definida seja pelo procedimento oral seja pelo escrito, o mesmo sendo verdadeiro sobre as crianças com maior dificuldade. Apesar do procedimento oral ter-se mostrado um caminho mais eficiente para a execução das operações aritméticas quando usado por este grupo de crianças, nem as mais hábeis nem as menos hábeis procuraram restringir-se à utilização desse tipo de resolução.

Procedimentos de cálculo oral

A última análise realizada nesta investigação foi qualitativa, concentrando-se na busca de generalizações sobre os procedimentos de cálculo oral, os quais vinham sendo até agora tratados como idiossincráticos (Cockcroft, 1986; Hunter, 1977; Plunkett, 1977). Nesta análise, foi dada ênfase à comparação entre os procedimentos escritos aprendidos na escola e os procedimentos orais "espontâneos" utilizados pelas crianças para resolver os problemas. Os procedimentos escolares para a resolução dos exercícios de computação faziam uso de dois tipos de recursos: a memorização dos resultados de adições, subtrações e multiplicações e os algoritmos que utilizam a representação numérica escrita. Estes procedimentos têm sido chamados de *manipulação simbólica,* em contraste com a *manipulação de quantidades* (Reed e Lave, 1981). A manipulação de símbolos é divorciada da realidade, não havendo diferenças entre a operação com unidades, dezenas ou centenas.

O procedimento envolve o cálculo da direita para a esquerda (exceto para a divisão) segundo um conjunto de regras, como o reagrupamento e o "empréstimo" entre colunas, as quais são aplicadas da mesma forma para as unidades, as dezenas ou as centenas, sem consideração do valor relativo dos símbolos. As regras são aplicadas sequencial e hierarquicamente. O conhecimento do grupo de regras para a multiplicação, por exemplo, é suficiente para realizar qualquer multiplicação, sem ser necessário adaptar o procedimento para novos números. O procedimento é geral e preestabelecido. Esta forma de proceder adequa-se à definição de algoritmo apresentada por Knuth (1977), para quem algoritmo é um conjunto de regras para obtenção de um determinado resultado a partir de dados específicos e através de passos descritos com tal precisão que poderiam ser executados por máquinas. E neste sentido que Lave (1984) considera os algoritmos como instrumentos que podem ser retirados de uma caixa e aplicados sem modificação a várias situações. Mesmo quando são obtidas respostas erradas através dos cálculos escritos, os erros podem ser vistos como o resultado da aplicação de algum algoritmo incorreto (ver Brown e Burton, 1978 e Resnick, 1982, para uma discussão detalhada sobre algoritmos incorretos).

Os procedimentos orais observados neste estudo não parecem enquadrar-se nesta noção de algoritmo nem na de manipulação de símbolos, uma vez que eles não se restringem a regras simples, fixas e uniformemente seguidas desde o início até o fim. Embora seja possível conceber-se algoritmos que levam em consideração os números com os quais se está trabalhando, os procedimentos orais aqui estudados serão denominados *heurísticas,* para enfatizarmos a flexibilidade das soluções, uma característica clara dos protocolos transcritos.

As heurísticas identificadas neste estudo eram de dois tipos: a) *decomposição,* em que as quantidades envolvidas no problema são decompostas em quantidades menores; b) *agrupamento repetido,* em que a solução é obtida através de passos, trabalhando-se com quantidades iguais ou maiores que aquelas mencionadas no problema. Ambas as heurísticas operam sobre as quantidades originais para produzir subtotais convenientes, os quais são, em seguida, utilizados para computação até que uma solução final seja obtida. Para garantir que os subtotais sejam de fácil manipulação, o sujeito deve sempre considerar as quantidades envolvidas. Alguns exemplos de decomposição são apresentados a seguir.

Nos protocolos transcritos abaixo, aparecem tanto comentários espontâneos das crianças como outros que surgiam em resposta a perguntas feitas pelo examinador. As descrições incluem o primeiro nome da criança, a situação na qual a operação era proposta e a operação. As respostas orais das crianças estão entre aspas e em itálico. Os comentários do examinador e as anotações do observador aparecem entre parênteses e os comentários sobre as heurísticas aparecem entre colchetes.

A heurística de decomposição

Lúcia. Situação: problema verbal. Operação: 200 – 35:

"Se fosse trinta, o resultado era setenta. Mas é trinta e cinco. Então é sessenta e cinco; cento e sessenta e cinco". [O 35 foi decomposto em 30 e 5, um procedimento que permite à criança trabalhar apenas com centenas e dezenas; as unidades foram consideradas posteriormente. Da mesma forma, o 200 foi decomposto em 100 e 100; uma das centenas foi reservada enquanto a outra foi utilizada no procedimento de computação].

Eduardo. Situação: venda. Operação: 243 – 75:

"Você me dá só os duzentos. Eu lhe dou vinte e cinco de volta. Mais os quarenta e três que você tem, os cento e quarenta e três faz cento e sessenta e oito". [Em lugar de operar sobre 243, a criança opera sobre 100, subtrai daí 75 e adiciona o resultado aos 143 cruzeiros que haviam sido deixados de lado. Observe-se que, inicialmente, a criança tentou operar sobre 200 mas depois decompôs 200 em 100 e 100, operando sobre um deles e deixando o outro de lado, para reintegrá-lo mais tarde. Esse

processo de "deixar de lado" uma parte da quantia mencionada no problema, trabalhando com quantias menores, é o que caracteriza a decomposição].

Eva. Situação: exercício de computação. Operação: 252 – 57:

"Menos cinquenta e dois, dá duzentos, e menos cinco, dá cento e noventa e cinco". [A criança decompôs 252 em 200 e 52; 57 foi decomposto em 52 e 5. Eliminando ambos os 52, restou 5 para retirar de 200].

A heurística de decomposição mostra o conhecimento que a criança tem sobre o sistema de numeração decimal. Lúcia decompôs 35 em 30 e 5; é mais fácil operar com 100 menos 30 do que operar com 100 menos 35. Ao decompor 35 em 30 e 5, ela lidou inicialmente com centenas e dezenas, deixando as unidades para uma etapa posterior do processo de computação. Eduardo decompôs 243 em 100 e 143, subtraindo 75 de 100 e, em seguida, adicionando o resto à parte que havia sido deixada de lado na decomposição. Eva decompôs 252 em 200 e 52, subtraindo 52 de ambos os termos da operação, minuendo e subtraendo, e ficando assim com um problema bem mais simples de resolver: 200 – 5.

A decomposição, em geral, reduz os números de tal forma que o problema passa a ter zeros em uma ou mais das casas do sistema de numeração. Pode-se obter esse resultado pela decomposição direta do número em dois componentes, um dos quais é um número redondo (por exemplo, 252 transforma-se em 200 e 52). A decomposição é um processo de resolução de problemas em que as crianças parecem buscar formas de arredondar os números porque os números redondos não apenas são relacionados ao conhecimento memorizado com maior facilidade (provavelmente o resultado de 100 – 75 é conhecido), mas também porque eles ajudam a evitar a sobrecarga que ocorreria no processamento mental dos dados se a criança tivesse que operar simultaneamente sobre centenas, dezenas e unidades. Ao decompor um número, a criança pode operar com as diferentes casas decimais sucessivamente. A busca de números redondos na decomposição é particularmente evidente em operações envolvendo números sem quaisquer zeros, como no caso de 243 – 75 e 252 – 57.

Outro aspecto interessante da decomposição é que os erros resultantes dessa estratégia de solução de operações aritméticas tendem a ser menores do que aqueles observados quando o procedimento escrito é utilizado. De fato, quando a criança calcula, por exemplo, uma subtração por escrito, pode-se observar casos em que ela obtém um resto maior do que o minuendo, um tipo de erro jamais observado quando a criança usa a heurística de decomposição.

A heurística de decomposição foi utilizada pelo menos uma vez por todas as crianças observadas nesta investigação, tanto na adição como na subtração. Do total de 141 adições e subtrações resolvidas oralmente pelas crianças, nas três situações tomadas em conjunto, foi possível identificar 53 exemplos de decomposição (aproximadamente um terço). Dentre esses, 85% das respostas obtidas eram corretas. Em apenas cinco respostas foram identificadas estratégias diferentes da decomposição. Quanto às 88 respostas restantes, não foi possível identificar a estratégia utilizada uma vez que as crianças não falaram alto durante a resolução dos problemas nem apresentaram uma explicação de sua maneira de calcular que permitisse a identificação do processo de resolução.

A heurística de agrupamento repetido

A seguir, serão apresentados alguns exemplos da *heurística de agrupamento repetido*, os quais permitirão explorar suas características bem como ilustrar sua flexibilidade.

José Geraldo. Situação: venda. Computação: 15 × 50.

Cinquenta, cem, cento e cinquenta, duzentos, duzentos e cinquenta. (Enquanto dizia esses números, a criança marcava nos dedos de uma mão quantos cinquentas já haviam sido somados. Ao completar essa mão, ela continuou). *Duzentos e cinquenta. Quinhentos. Quinhentos e cinquenta, seiscentos, seiscentos e cinquenta, setecentos, setecentas e cinquenta.* [A criança começou adicionando 50 cinco vezes até obter 250. Em seguida ela duplicou este resultado obtendo dez 50s e depois continuou adicionando os 50s um a um].

Francisco. Situação: problema verbal. Computação: 75 ÷ 5.

"Se você der dez bolas para cada (criança), dá 50. Tem mais vinte e cinco. Para dar para cinco meninos, esse tá difícil" (Examinador: Esse é difícil.) *"Mais cinco pra cada um. Quinze pra cada".* [O problema foi resolvido subtraindo-se sucessivamente os agrupamentos mais convenientes, os quais eram distribuidos enquanto se levava em consideração o aumento na quantidade atribuída a cada menino: 10 bolas de gude foram dadas a cada um dos 5 meninos, o que dá um total de 50 bolas; as 25 restantes foram, em seguida, distribuídas entre os 5 meninos, ficando cada um com mais 5 bolas, o que perfaz um total de 15 bolas para cada].

Eva. Situação: exercício de computação. Computação: 100 ÷ 4.

[Após tentar, sem sucesso, resolver o problema no papel, afirma que é impossível. Ela tentara primeiramente dividir 1 por 4, o que não era possível, depois 0 por 4 e finalmente desistiu. O examinador pediu então uma justificativa.] *"Na minha cabeça eu posso fazer. Cem dividido por quatro é vinte e cinco. Cem dividido por dois é cinquenta. Depois divide por dois de novo, dá vinte e cinco."* [Foi realizada uma fatoração: duas divisões sucessivas por 2 foram utilizadas em lugar de uma divisão por 4].

O agrupamento repetido é adequado para a multiplicação e a divisão. Desta forma, a multiplicação é resolvida por adições sucessivas e a divisão, por subtrações sucessivas. Quando a criança multiplica, os valores adicionados sucessivamente referem-se a quantidades de mais fácil operação do que os multiplicandos contidos no enunciado do problema; por exemplo, adicionar de 100 em 100 é mais fácil do que de 50 em 50, o que resultou, frequentemente, numa transformação do multiplicador 50 em 100 para a realização de adições repetidas. A criança, constantemente, leva em consideração os subtotais em seu progresso na direção da solução; vimos como José Geraldo, ao obter o valor para cinco 50s, dobra esse valor obtendo dez 50s e depois volta a adicionar os 50s de um em um. O objetivo é alcançado quando a quantidade correspondente ao multiplicador foi adicionada um número adequado de vezes ou, no caso da divisão, quando a quantidade original foi totalmente distribuída. Objetos concretos ou os dedos podem ser utilizados neste processo de adições ou subtrações sucessivas. No entanto, essa utilização não torna a computação mais concreta, pois cada dedo corresponde a um valor — 50, por exemplo — diferente de um.

A quantidade escolhida para se operar na heurística de agrupamentos repetidos parece depender tanto dos números envolvidos como do conhecimento que a criança tem da tabuada. O agrupamento de 50s em 100s representa uma vantagem óbvia para o processo de computação; mesmo para uma criança que não tem um bom domínio do sistema numérico, é bastante fácil contar de 100 em 100. Mas a heurística é mais rica: a criança pode escolher atalhos como calcular o subtotal correspondente à adição sucessiva de uma quantidade 6 vezes e depois dobrar esse resultado para obter o resultado da multiplicação por 12; ou adicionar o resultado da adição sucessiva de uma quantidade 5 vezes, ao resultado da adição dessa quantidade por 10 para obter o resultado relativo a 15 vezes; ou trabalhar com dobros sucessivos como 1, 2, 4, 8, 16, subtraindo em seguida, a quantidade a ser multiplicada para obter o resultado da multiplicação por 15. Na divisão, a heurística envolve subtrações sucessivas, como no exemplo de Francisco ao resolver 75 : 5. Divisões sucessivas, como no exemplo de Eva, foram classificadas como agrupamento repetido, apesar de o processo de fatoração do divisor ser mais complexo: ele envolve a coordenação de divisões sucessivas em lugar de subtrações sucessivas. Entretanto, investigações mais detalhadas sobre esse tipo de estratégia são necessárias para esclarecer melhor sua natureza.

A heurística de agrupamento repetido foi utilizada pelo menos uma vez por 15 das 16 crianças ao resolverem multiplicações e por 14 delas no caso da divisão. Das 113 multiplicações e divisões resolvidas oralmente nas três situações, tomadas em conjunto, foi possível identificar 61 exemplos claros de agrupamento repetido (aproximadamente metade) e 12 tentativas de decomposição, uma delas em conjunto com a heurística de agrupamento repetido. Não foi possível classificar

40 respostas. Dentre os problemas onde a estratégia utilizada foi o agrupamento repetido, 59% foram resolvidos corretamente.

Algumas generalizações

Em primeiro lugar, os procedimentos orais parecem fazer parte de uma abordagem do tipo manipulação de quantidades. Ao resolver os problemas "de cabeça", *a criança faz modificações nos valores apresentados e trabalha com quantidades que podem ser mais facilmente manipuladas.* Em segundo lugar, diferentemente do que é observado na manipulação de símbolos, *não há uma estratégia uniforme para resolver os problemas.* As heurísticas de decomposição ou de agrupamentos repetidos levavam em consideração as quantidades específicas a serem trabalhadas e exigiam decisões quanto à maneira de proceder. Em terceiro lugar, as crianças, em geral, *preferiam lidar com as centenas, dezenas e, por último, as unidades, trabalhando, portanto, na direção oposta à utilizada para os algoritmos escritos*, com exceção da divisão. Em quarto lugar, os *resultados obtidos pelas crianças, mesmo quando errados, faziam sentido* pelo fato de existir um acompanhamento contínuo das quantidades durante o processo de cálculo: no procedimento oral, a criança parece "saber onde está" em cada momento. Finalmente, em quinto lugar, *as crianças tendem a trabalhar frequentemente, no cálculo oral, com quantidades que, se escritas, terminariam em um ou mais zeros.* Tais números diminuem a quantidade de elementos a serem processados em cada momento e permitem à criança aproveitar-se de seu conhecimento da tabuada.

A presença de zeros facilita a resolução oral dos problemas, ao contrário do que acontece com o cálculo escrito. Na matemática oral, a inexistência de, por exemplo, dezenas, não requer a representação ou a operação sobre zeros. Na aritmética escrita, os zeros precisam ser explicitamente representados e levados em consideração de forma determinada. Ao subtrair 5 de 0, na forma escrita, as crianças, em geral, ficam em dúvida quanto ao resultado vacilando entre 5 e 0. Nestas circunstâncias, elas frequentemente deixam de usar o procedimento de tomar emprestado e deixam de computar o resultado com relação a 10. Durante este estudo, muitas vezes, ao utilizar procedimentos escritos, as crianças perguntavam "Esse zero é um número?" ou "Isso é um zero ou um dez?". Este tipo de pergunta jamais aparecia quando o procedimento utilizado era o oral. Tal contraste fica melhor ilustrado com o exemplo seguinte.

Ronaldo. Situação: venda simulada. Computação: 200 – 35.

[A criança escreveu 200 – 35 utilizando o arranjo vertical prescrito pela escola. Em seguida, escreveu o resultado, começando pelas unidades e falando alto, obtendo como resultado 200, da seguinte forma:] *"Cinco para zero, nada. Três para zero, nada. Dois menos nada, dois"*. (Examinador: Está certo?) *"Não. Então você compra uma coisa e ela custa trinta e cinco, você paga com uma nota de duzentos e eu lhe devolvo os duzentos?"* (E.: Então faça de novo.) [Ronaldo escreve 200 – 35 da mesma forma, escreve o resultado a partir das unidades e obtém como resultado 235, falando alto:] *"Cinco menos nada, cinco. Três, tira zero, três. Dois, tira zero, dois. Errado de novo"*. (E.: Por que está errado de novo?) *"Agora, você compra uma coisa e ela custa 35. Você me dá duzentos e eu lhe dou os duzentos de volta e mais trinta e cinco?"* (E.: Você sabe qual é o resultado?) *"Se fosse a trinta, então eu lhe dava cento e setenta."* (E.: Mas é trinta e cinco. Você tá me dando um desconto?) *"Cento e sessenta e cinco"*. [O acompanhamento do significado do problema pela criança, após a obtenção de um resultado sem sentido pelo procedimento escrito, ilustra bem a distinção entre o trabalho com quantidades e o trabalho com símbolos escritos.]

Conclusões

O impacto sobre a criança das diferentes situações nas quais a resolução de problemas ocorre ficou claramente demonstrado. Este impacto não é produzido por alguma peculiaridade da situação de teste, como a ansiedade, mas parece ser o resultado do significado que o problema tem para a criança no momento em que ela se engaja na sua solução. Situações que apresentam as quantidades dentro de uma interação significativa, tal como calcular o valor do troco em uma compra ou o número de crianças em uma escola, parecem levar a criança a adotar um procedimento de resolução de problema do tipo manipulação de quantidades. A preservação do significado do problema dentro desta abordagem inclui dois aspectos da significação; a) as quantidades físicas que estão sendo quantificadas (carros, dinheiro etc.); b) a significação do próprio quantificador dentro do sistema numérico (centenas, dezenas, unidades). Embora os passos para a resolução dos problemas por meio dessas heurísticas de decomposição e agrupamento repetido pudessem ser escritos, a forma escolhida foi, quase sempre, a oral. Em contraste, as computações do tipo exercícios de cálculo, comumente encontrados na sala de aula, em que apenas números são apresentados, parecem elicitar soluções através do uso de algoritmos escritos. Este tipo de procedimento leva a criança a focalizar sua atenção nos símbolos escritos, perdendo, assim, tanto o significado das transações que estão sendo quantificadas, como o significado dos algarismos dentro do sistema de quantificação. Esta perda de significado parece explicar a facilidade com que a criança aceita resultados absurdos, como o resto de uma subtração maior que o minuendo, resposta que é prontamente rejeitada quando a criança considera o significado implícito na computação.

Embora não se pretenda sugerir a substituição da matemática escrita pela matemática oral dentro da escola, uma vez que a matemática escrita apresenta inúmeras vantagens do ponto de vista do desenvolvimento do aluno a longo prazo, é importante que os professores reconheçam, entendam e valorizem a matemática oral, especialmente aqueles que lidam com alunos que têm oportunidade de trabalhar no setor informal da economia. Esta atividade matemática tem sólidas bases na compreensão do número e do sistema decimal, habilidades que devem ser utilizadas, e não desprezadas, pela escola.

Finalmente, um aspecto desses resultados que merece ser salientado refere-se à questão: por que as crianças recorrem ao cálculo escrito, mesmo quando parecem compreender que trabalham de modo mais eficiente com o cálculo oral? A resposta a esta questão pode ser apenas especulativa. Ainda assim, é importante procurar considerá-la. Aparentemente, aprendemos na escola não somente a resolver operações aritméticas mas também atitudes e valores relativos ao que é apropriado em matemática. A matemática, aprendemos implicitamente, é uma atividade que se pratica por escrito, é algo para aqueles que vão à escola. E esta é a forma apropriada de resolver problemas. *Esta ideologia não apenas inibe o cálculo oral, mas também desvaloriza este tipo de saber popular, que não tem lugar na escola nem pode ser reconhecido num sistema de promoção em que todas as avaliações são feitas por escrito.* Quando constatamos que a escola rejeita esse saber popular da criança, manifesto na matemática oral, precisamos perguntar-nos: a quem interessa esta rejeição? Ao aluno? Ao professor? À sociedade?

Bibliografia

BROWN, J. S.; BURTON, R. R. Diagnostic models for procedural bugs in basic mathematical skills. *Cognitive Science*, n. 2, p. 155-92, 1978.

CARRAHER, D. W.; CARRAHER, T. N.; SCHLIEMANN, A. D. Having a feel for calculations. In: DAMEROW, P.; DUNKLEY, M. F.; NEBRES, B. F.; WERRY, B. (Orgs.). *Mathematics for all.* Paris: Unesco, 1986. p. 87-9.

______. Na vida, dez; na escola, zero. Os contextos culturais da aprendizagem da matemática. *Cadernos de Pesquisa*, n. 42, p. 79-86, 1982.

______. Mathematics in the streets and in schools. *British Journal of Developmental Psychology*, n. 3, p. 21-9, 1985.

CARRAHER, T. N. The decimal system: understanding and notation. In: STREEFLAND, L. (Org.). *Proceedings of lhe Ninth International Conference for the Psychology of Mathematical Education*. Utrecht, Holanda, University of Utrecht. Research Group on Mathematics Education and Educational Computer Center, v. 1, p. 288-303, 1985.

______; SCHLIEMANN, A. D. Fracasso escolar, uma questão social. *Cadernos de Pesquisa*, n. 45, p. 3-19, 1983a.

CARRAHER, T. N.; SCHLIEMANN, A. D. A adição e a subtração na escola primária: algoritmos ensinados e estratégias aprendidas. *Revista Brasileira de Estudos Pedagógicos*, v. 64, n. 148, p. 232-42, 1983b.

______. Computation routines prescribed by schools: Help or hindrance. *Journal for Research in Mathematics Education*, n. 16, p. 37-44, 1985.

COCKROFT, W. H. Inquiry into school teaching of Mathematics in England and Wales. In: CARSS, M. (Org.). *Proceedings of the Fifth International Congress on Mathematical Education*. Boston: Birkhauser, 1986. p. 328-29.

GINSBURG, H. P. The development of addition in contexts of culture, social class, and race. In: CARPENTER, T. P.; MOSER, J. M.; ROMBERG, T. A. (Orgs.). *Addition and subtraction*: a cognitive perspective. Hillsdale (NJ): Erlbaum,1982. p. 99-118.

HUNTER, I. M. L. Mental calculation: Two additional comments. In: JOHNSON-LAIRD, P. N.; WASON, P. C. (Orgs.). *Thinking*: readings in cognitive science. Cambridge (UK): Cambridge University Press, 1977. p. 35-42.

KNUTH, D. E. Algorithms. *Scientific American*, n. 148, p. 63-80, abr. 1977.

LAVE, J. *Tailored learning*: education and cognitive skills among craftsmen in West Africa, 1984. (Inédito.)

PLUNKETT, S. Decomposition and all that rot. *Mathematics in Schools*, v. 8, n. 3, p. 2-7, 1978.

REED, H. J.; LAVE, J. Arithmetic as a tool for investigating relations between culture and cognition. In: CASEN, R. W. (Org.). *Language, culture and cognition*: anthropological perspectives. Nova York: Macmillan, 1981. p. 437-55.

RESNICK, L. B. Syntax and semantics in learning to subtract. In: CARPENTER, T. P.; MOSER, J. M.; ROMBERG, T. A. (Orgs.). *Addition and subtraction*: a cognitive perspective. Hillsdale (NJ): Erlbaum, 1982. p. 36-155.

SCRIBNER, S. Studying working intelligence. In: ROGOFF, B.; LAVE, J. (Orgs.). *Everyday cognition*: its development in social context. Cambridge (MA): Harvard University Press, 1984. p. 9-40.

VERGNAUD, G. The development of addition and subtraction problem-solving skills. In: CARPENTER, T. P.; MOSER, J. M.; ROMBERG, T. A. (Orgs.). *Addition and subtraction*: a cognitive perspective. Hillsdale (NJ): Erlbaum, 1982. p. 39-59.

Capítulo 4

Escolarização formal *versus* experiência prática na resolução de problemas*

Analúcia D. Schliemann

Vimos nos capítulos anteriores como, trabalhando como vendedores, as crianças desenvolvem estratégias próprias para resolver problemas de aritmética envolvendo as quatro operações. Vimos também que, em contraste com os procedimentos escolares, estas estratégias são altamente eficientes porque lidam com os números conservando em todos os momentos o seu significado. Neste capítulo apresentamos um estudo que analisa como estas mesmas operações aritméticas são utilizadas para resolver problemas típicos de uma outra situação de trabalho, a da

---

* Este estudo foi financiado pelo CNPq e pelo INEP. Colaboraram na coleta e análise dos dados Ana Karina Lira, Clara Santos, Robério Melo e Solange Canuto. Agradeço a David e Terezinha Nunes e a Geoffrey Saxe pelos comentários sobre versões prévias deste artigo.

Uma primeira versão deste trabalho foi apresentada no V International Congress on Mathematical Education, Adelaide, Austrália (1984) e publicada em DAMEROW, P.; DUNCKLEY, M.; NEBRES B.; WERRY, B. (Orgs.). *Mathematics for all*. Unesco, 1984. A presente versão foi publicada por *Psicologia, Teoria e Pesquisa*, v. 2, n. 3, p. 233-44, 1986.

marcenaria. Comparamos o desempenho de marceneiros que haviam aprendido a profissão informalmente, ajudando o pai ou um parente, com o desempenho de aprendizes que frequentavam as diferentes séries de um curso formal de marcenaria, em uma tarefa própria de atividade de marcenaria. A tarefa consiste em calcular a quantidade de madeira necessária à construção de móveis, o que, na escola, é uma situação à qual se aplica a fórmula para o cálculo do volume. Esta situação mostra-se particularmente interessante, primeiramente, pelo fato de exigir a multiplicação, uma operação aritmética que, entre os pequenos feirantes dos estudos anteriores, não era utilizada, sendo substituída pelos agrupamentos ou adições repetidas. Em segundo lugar, diferentemente do que acontece na feira, os cálculos aritméticos estão aqui distanciados dos objetos sobre os quais são aplicados, o que permitirá uma melhor abordagem da nossa afirmação de que não é a presença dos objetos que facilita o cálculo na situação de trabalho.

Estudos sobre o desenvolvimento do raciocínio lógico-matemático no contexto do trabalho têm visado não somente esclarecer como o conhecimento se desenvolve em contextos naturais, como também determinar como a escolarização formal contribui para este desenvolvimento. Greenfield (1966), Luria (1976), Rogoff (1981), Scribner e Cole (1981), Sharp, Cole e Lave (1979), Stevenson, Parker, Wilson, Bonevaux e Gonzalez (1978), entre outros, demonstram que crianças ou adultos escolarizados apresentam melhor desempenho que indivíduos não escolarizados em várias tarefas destinadas a avaliar o desenvolvimento cognitivo. No entanto, análises mais recentes revelam que a influência da escolarização não se dá sempre da mesma forma e que, em certas circunstâncias, a contribuição da chamada educação informal pode ser mais eficiente que a da educação formal. Scribner (1984 a, b), por exemplo, mostrou que, comparados com estudantes, operários do setor de entrega de uma fábrica de laticínios nos Estados Unidos apresentam estratégias mais econômicas e mais adequadas para resolverem problemas de matemática. Carraher, Carraher e Schliemann (1982, 1985, 1987 — ver Capítulos 1 e 2) constataram que crianças e adolescentes vendedores nas feiras e ruas de Recife, embora escolarizadas, apresentam desempenho fraco em problemas semelhantes àqueles encontrados na escola sendo, no entanto, capazes de resolver adequadamente problemas equivalentes que lhes são apresentados no contexto prático do trabalho, real ou simulado, como vendedores. Para isto usam estratégias próprias, diferentes daquelas que lhes são ensinadas na escola. Lave (1977; Lave e Reed, 1979), em um estudo com alfaiates na Libéria, encontrou que as estratégias utilizadas para resolver problemas aritméticos estão relacionadas ao tipo de experiência (prática ou escolar) do indivíduo: os alfaiates que haviam aprendido aritmética no trabalho demonstraram compreensão dos princípios gerais da resolução de problemas mas tinham dificuldades com números grandes: os que haviam frequentado a escola conseguiram lidar facilmente com grandes números mas cometiam muitas vezes erros absurdos que passavam desapercebidos. Petitto (1982), em um trabalho em que compara esses alfaiates da Libéria com um grupo de vendedores de tecido, constatou que, embora os dois grupos apresentassem nível de conhecimento equivalente quanto aos componentes de problemas sobre preços de tecidos, os vendedores obtinham melhores resultados que os alfaiates ao resolverem esses problemas que faziam parte de seu trabalho diário enquanto vendedores.

O objetivo do presente estudo foi analisar a contribuição da escolarização formal, em contraste com a contribuição da experiência de trabalho, na resolução de um problema de matemática relacionado à prática da marcenaria. As habilidades e estratégias utilizadas para resolver o problema foram analisadas em um grupo de marceneiros profissionais e um grupo de aprendizes de marcenaria. Os marceneiros profissionais tinham de zero a seis anos de experiência escolar. Os aprendizes frequentavam o sistema regular de ensino há pelo menos seis anos e recebiam treinamento em um curso profissionalizante onde, ao lado das aulas práticas, eram ministradas aulas de aritmética, geometria e desenho, destinadas a sua formação como marceneiros.

Após uma série de visitas a oficinas de marcenaria, observando o dia a dia do trabalho de profissionais e realizando entrevistas sobre como aprenderam a profissão, quais as formas como lidam com a madeira, como recebem encomendas dos clientes, como compram madeira, como calculam as quantidades e preços da madeira, chegou-se à conclusão de que uma das situações típicas do trabalho do marceneiro, em que problemas de matemática devem ser resolvidos, é aquela em que um cliente lhe apresenta um desenho ou uma foto de um móvel a ser construído e o marceneiro deve, então, calcular quanta madeira ele precisa comprar para fabricar o móvel e qual o preço que o cliente deve pagar pelo mesmo. Com base nessas observações, construiu-se o problema utilizado neste estudo.

Método

Sujeitos

O grupo de marceneiros profissionais era formado por 15 adultos com escolarização que variava de zero a seis anos de frequência à escola. Com exceção de um caso, todos eles haviam aprendido a profissão trabalhando como ajudantes de outros profissionais, em geral o próprio pai ou um parente próximo. A escolha destes marceneiros foi feita visitando-se suas oficinas espalhadas nos vários bairros de Recife e solicitando-se sua colaboração para um trabalho de pesquisa. Todos os marceneiros contatados aquiesceram em colaborar, permitindo que os pesquisadores visitassem regularmente a oficina, fazendo observações e realizando entrevistas.

O grupo de aprendizes era formado pelos 28 alunos de uma escola de marcenaria localizada em um bairro popular da cidade do Recife. A distribuição desses aprendizes nos três anos do curso de marcenaria, segundo suas idades e séries cursadas no sistema regular de ensino, na época da coleta de dados, pode ser vista na Tabela 1.

TABELA 1

Distribuição dos aprendizes segundo série no curso de marcenaria, série no sistema regular de ensino e idade

Série no curso de marcenaria	Série regular*	Idades					
		14	15	16	17	18	Total
1ª	6ª	3	3				6
	7ª	2	2				4
	8ª	1	3				4
	1ª		1				1
	2ª						
2ª	6ª						
	7ª		1	1	1		3
	8ª		2	2			4
	1ª			1			1
	2ª						
3ª	6ª						
	7ª						
	8ª			1	2	1	4
	1ª						
	2ª					1	1

* As séries referem-se ao primeiro (6ª, 7ª e 8ª séries) e segundo (1ª e 2ª séries) graus do sistema regular de ensino.

Procedimento

Após várias visitas às oficinas e à escola de marcenaria, cada sujeito foi individualmente solicitado a resolver um problema típico das atividades de marcenaria. O problema consistia em calcular quanta madeira era preciso comprar para construir cinco camas, de acordo com um desenho que lhes era mostrado (ver Figura 1). Foi também pedido

FIGURA 1

Desenho mostrado aos sujeitos para o problema de matemática relacionado com a prática da marcenaria

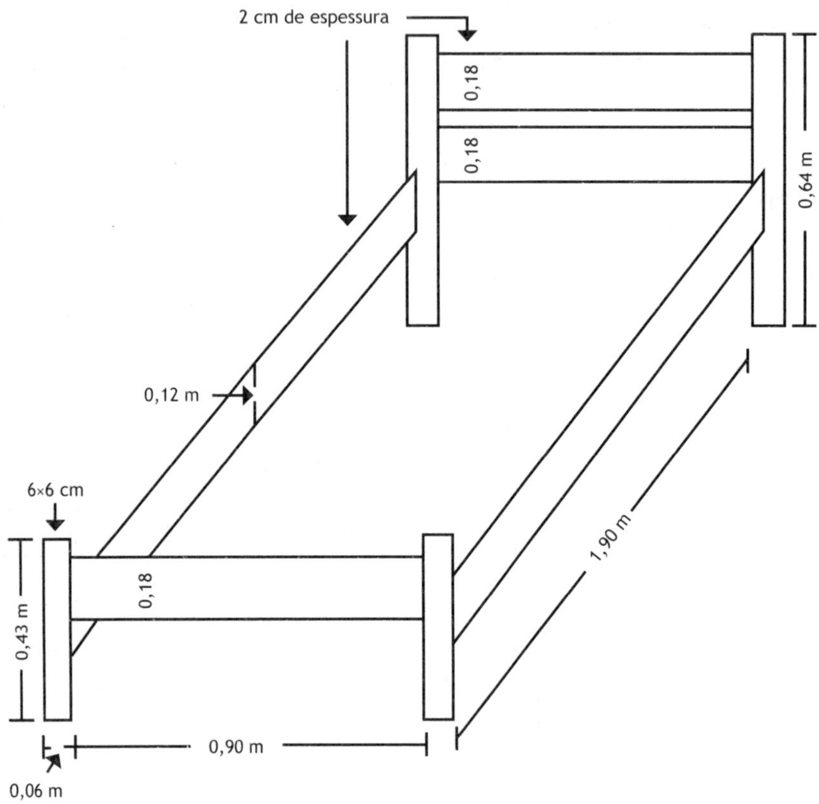

a cada sujeito que calculasse o preço que eles pediriam ao cliente para pagar pelas cinco camas prontas. No entanto, essa segunda parte do problema não foi analisada visto que os aprendizes, por desconhecerem os preços do mercado, não conseguiram sequer tentar resolvê-la. Cada sujeito era avisado de que poderia usar lápis e papel se assim o desejasse. Enquanto tentavam resolver o problema, o examinador conversava com os sujeitos discutindo detalhes do desenho e colocando questões que ajudassem a esclarecer os passos seguidos para chegar a uma resposta final. Toda a entrevista era gravada e realizada nas oficinas, durante o horário de trabalho ou, no caso dos aprendizes, em uma sala da escola de marcenaria. Um observador tomava notas sobre as atividades durante a entrevista e estas notas, junto com a transcrição das gravações, constituíram o material analisado.

Apenas um aprendiz recusou-se a tentar resolver o problema. Dois marceneiros profissionais, que jamais haviam frequentado a escola, apresentaram uma resposta final em termos de preço a cobrar pelas cinco camas, sem explicar como chegaram a tal resultado. Estes casos não foram incluídos na análise que se segue.

Resultados

Os dados de cada sujeito foram analisados com relação a: a) operações aritméticas realizadas; b) estratégias utilizadas para realizar as operações; c) dimensões consideradas, isto é, comprimento, largura e espessura de cada peça; e d) resposta final. As Tabelas 2 a 5 apresentam, para cada uma das análises realizadas, as respostas dos aprendizes de primeiro ano, em comparação com as dos aprendizes de segundo e terceiro anos e em comparação com as dos marceneiros profissionais.

Erros na realização das operações foram raros em todos os grupos: em um total de 292 operações realizadas, apenas 31 apresentaram erros.

A Tabela 2 apresenta a distribuição dos sujeitos de cada grupo segundo o tipo de operações realizadas ao tentar resolver o problema. Como se pode observar, 50% dos aprendizes de primeiro ano preferiram usar a adição mesmo quando a multiplicação poderia ter sido utilizada. Entre os aprendizes de segundo e terceiro anos, a multiplicação foi utilizada por 57% dos sujeitos e, entre os profissionais, por 92%. A correlação entre o grau de experiência em marcenaria (considerando-se que os profissionais estão no nível mais elevado) e o uso da multiplicação, em oposição ao uso da adição, embora não muito alta (γ de Kendall = 0,33), foi muito significativa ($z = 3{,}00$, $p < 0{,}01$). O único profissional que não utilizou em nenhum momento a multiplicação não havia jamais frequentado a escola.

TABELA 2

Número de sujeitos em cada um dos subgrupos segundo as operações utilizadas ao tentar resolver o problema

Subgrupos	Adições	Adições e multiplicações	Total
Aprendizes de 1º ano	7	7	14
Aprendizes de 2º e 3º anos	4	8	12
Marceneiros profissionais	1	12	13

As estratégias utilizadas para resolver adições e multiplicações foram classificadas em três categorias: a) cálculo mental, quando o sujeito apresentava a resposta imediatamente, sem uso de lápis e papel, o que ocorria frequentemente entre os marceneiros profissionais ao lidar com números pequenos; b) algoritmos escolares, a estratégia preferida entre os aprendizes, mesmo para operar com números pequenos, onde lápis e papel eram utilizados e a resposta era encontrada operando-se primeiramente com as unidades, em seguida com as dezenas, depois as centenas etc., com transporte de uma coluna para outra, sempre que necessário; c) estratégia mista, quando o cálculo mental era utilizado para operações envolvendo números menores e os algoritmos escolares para os números maiores. Um exemplo do uso de estratégia mista é o seguinte extrato do protocolo de um marceneiro profissional que havia frequentado a escola por três anos:

"No desenho tem um pé com sessenta e quatro, outro e mais dois com quarenta e três. Sessenta e quatro (pausa), *um metro e vinte e oito* (resultado do cálculo mental onde sessenta e quatro é considerado duas vezes).

E aqui (apontando para as pernas mais curtas da cama) *quarenta e três, certo? Dá um metro e vinte e oito mais oitenta e seis* (resultado do cálculo mental onde quarenta e três é considerado duas vezes). (Escreve 128 e, abaixo, 86). *Quatro* (escreve 4 abaixo da coluna das unidades), *vai um, três mais oito, onze* (escreve 1 embaixo da coluna das dezenas), *vai um* (escreve 2 embaixo da coluna das centenas). *Certo, eu preciso de um barrote com dois metros e vinte para cortar".*

A Tabela 3 mostra a distribuição dos sujeitos de cada grupo segundo o tipo de estratégia utilizada para resolver as operações. Vê-se aí que 92% dos profissionais usaram o cálculo mental isoladamente ou em conjunto com os algoritmos escolares, enquanto apenas 42% dos aprendizes fizeram o mesmo. Esta distribuição difere significativamente daquela que seria obtida ao acaso ($X^2 = 7{,}01$, $N = 39$, $gl = 1$, $p < 0{,}01$).

TABELA 3

Número de sujeitos em cada um dos subgrupos, segundo o tipo de estratégia utilizada ao tentar resolver o problema

Subgrupos	Cálculo mental	Estratégia mista	Algorítmo escolar	Total
Aprendizes de 1º ano	0	5	9	14
Aprendizes de 2º e 3º anos	0	6	6	12
Marceneiros profissionais	3	9	1	13

Na Tabela 4 tem-se a distribuição dos sujeitos de acordo com o número de dimensões das partes componentes da cama consideradas durante a tentativa de solucionar o problema. Uma abordagem adequada requeria que fossem considerados o comprimento, a largura e a espessura de cada uma das peças. Como se pode ver na tabela, quatro aprendizes do primeiro ano consideraram apenas o comprimento das partes. Os de segundo e terceiro anos consideravam duas dimensões (em geral comprimento e largura) ou, na maioria dos casos, as três dimensões. Enquanto isso, todos os marceneiros profissionais consideravam sempre as três dimensões. A correlação entre o número de dimensões consideradas e o nível de experiência em marcenaria foi muito significativa (γ de Kendall = 0,46, z = 4,18, p < 0,001).

TABELA 4

Número de sujeitos em cada subgrupo segundo as dimensões utilizadas ao tentar resolver o problema

Subgrupos	Comprimento	Comprimento e largura	Comprimento largura e espessura	Total
Aprendizes de 1º ano	4	4	6	14
Aprendizes de 2º e 3º anos	0	5	7	12
Marceneiros profissionais	0	0	13	13

As respostas finais apresentadas para a questão: "Quanta madeira você precisa comprar para fazer cinco camas como essa do desenho?" foram classificadas nos três tipos descritos a seguir:

a) Adição de todas as dimensões consideradas — Esta resposta consistia na adição dos comprimentos de todas as partes mostradas no desenho ou, se eram levados em consideração, todos os comprimentos, larguras e espessuras. O resultado desta adição era então inadequadamente apresentado como sendo o número de metros, ou metros quadrados, ou metros cúbicos, necessários para construir as camas. A Figura 2 mostra o material escrito produzido por dois aprendizes do primeiro ano que apresentaram este tipo de resposta. No primeiro exemplo, apenas o comprimento das partes foi levado em consideração. No segundo, comprimento, largura e altura foram adicionados. Este tipo de resposta foi encontrado em 79% dos aprendizes de primeiro ano e em 50% dos de segundo e terceiro anos.

FIGURA 2

Material escrito produzido por dois aprendizes do primeiro ano ao tentarem resolver o problema

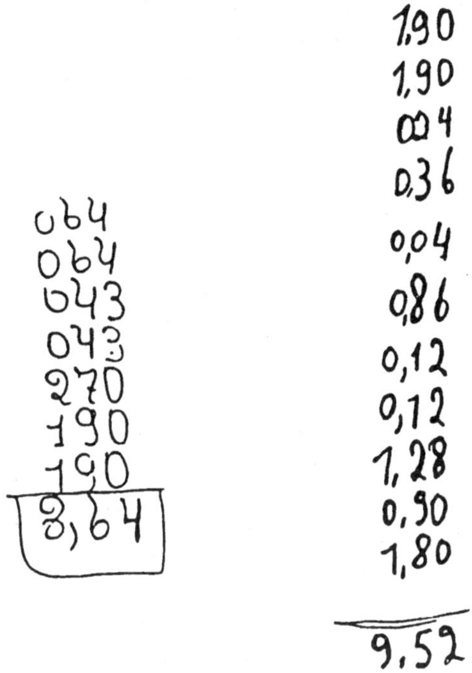

b) Cálculo das dimensões de um bloco de madeira — Este procedimento consistia na especificação do comprimento, largura e altura de um enorme bloco de madeira. O comprimento desse bloco era obtido inadequadamente pela adição dos comprimentos de todas as peças, a largura pela adição das larguras e a espessura pela adição das espessuras. O resultado era um bloco de dimensões tais que seria impossível encontrá-lo no mercado ou transportá-lo. Um exemplo de tal procedimento, utilizado por 14% dos aprendizes de primeiro ano e por 42% dos de segundo e terceiro anos, é apresentado na Figura 3 que reproduz o material escrito produzido por um aprendiz de segundo ano. O resultado assim obtido foi um bloco com 16,38 metros de comprimento, 10,20 metros de largura e 0,12 metro de espessura. Esta seria a quantidade de madeira necessária para construir uma só cama. Contrastando com este procedimento, quatro dos marceneiros profissionais, ao tentarem resolver a segunda parte do problema, isto é, ao tentarem calcular o preço das cinco camas, aspecto não analisado em detalhes neste estudo, calcularam antes quanta madeira seria necessária em termos de medida de volume. Este procedimento é comumente utilizado nas serrarias que vendem madeira aos profissionais ao se determinar o

FIGURA 3

Material escrito produzido por um aprendiz do segundo ano ao tentar resolver o problema

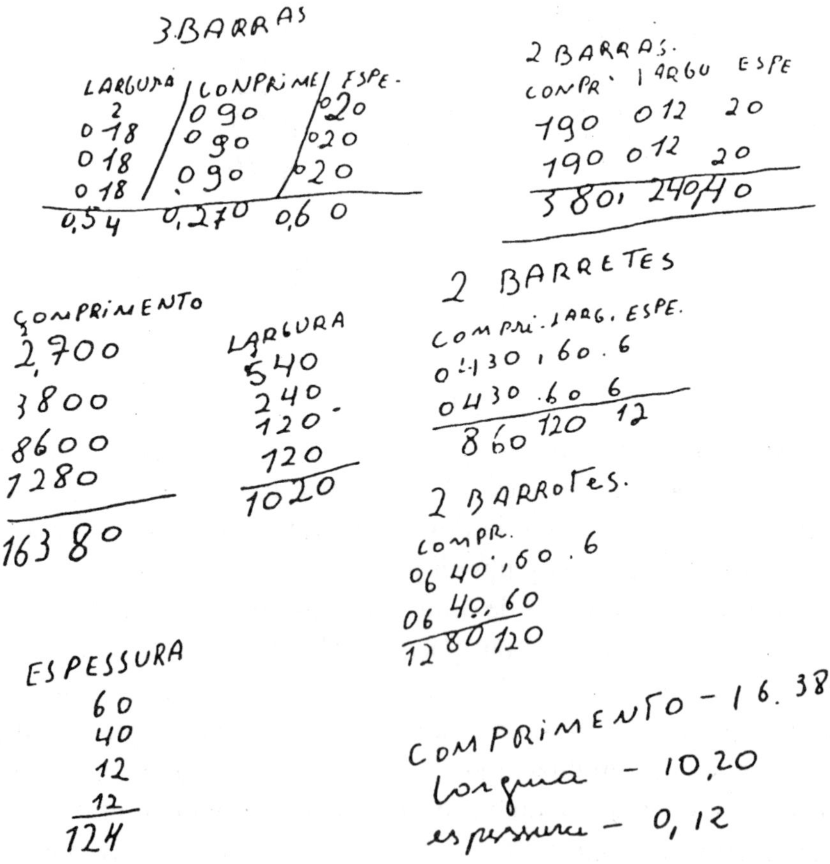

preço de uma quantidade de madeira fornecida cortada em tábuas ou barrotes, mas cujo preço é determinado em termos de cruzeiros por metro cúbico. No entanto, o procedimento desses quatro marceneiros consistiu em calcular o número de centímetros cúbicos de cada peça para só então adicionar os resultados.

c) Lista de peças-padrão — Este terceiro tipo de resposta, apresentada por todos os marceneiros profissionais, consistia na apresentação de uma lista de peças-padrão, usualmente encontradas no mercado, das quais seriam cortadas as partes das camas. A Figura 4 apresenta um exemplo deste tipo de lista. A Tabela 5 apresenta a distribuição dos sujeitos de cada subgrupo segundo o tipo de resposta final apresentada. A correlação entre o nível de experiência na marcenaria e o tipo de resposta, considerando-se que o terceiro tipo era o mais adequado, foi alta e significativa (γ de Kendall = 0,73, z = 6,50, p < 0,0001).

FIGURA 4

Lista de material necessário para construir cinco camas apresentada por um marceneiro profissional

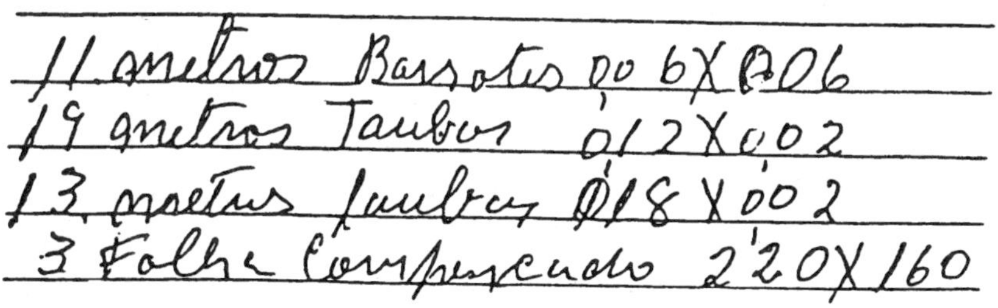
11 metros Barrotes 0,06 X 0,06
19 metros Taubas 0,12 X 0,02
13 metros Taubras 0,18 X 0,02
3 Folha Compensado 2,20 X 160

TABELA 5

Número de sujeitos em cada subgrupo segundo o tipo de resposta final apresentada

Subgrupos	Adição	Bloco	Lista	Total
Aprendizes de 1º ano	11	2	1	14
Aprendizes de 2º e 3º anos	6	5	1	12
Marceneiros profissionais	0	0	13	13

Discussão

Os resultados obtidos neste estudo sugerem primeiramente que, ao tentar resolver um problema prático envolvendo conceitos matemáticos, os indivíduos buscam encontrar uma resposta relacionada a sua experiência diária: enquanto os marceneiros profissionais buscam uma lista de peças-padrão a serem compradas, os aprendizes tentam encontrar as medidas de um único bloco de madeira do qual as partes necessárias para construir as camas seriam retiradas. Essas duas abordagens assemelham-se à forma como cada um dos grupos lida com problemas semelhantes no trabalho ou na escola de marcenaria, respectivamente. Os marceneiros profissionais compram madeira em peças mais ou menos padronizadas como tábuas com cerca de quatro metros de comprimento por trinta centímetros de largura e dois de espessura, ou barrotes de dois e meio por dois e meio centímetros, com comprimento de até quatro metros. Diferentemente, os aprendizes recebem a madeira na escola, em geral, cortada em blocos de até quatro metros de comprimento e vinte ou mais centímetros de largura e espessura. Ao lado disso, nas aulas de geometria oferecidas pela escola, eles aprendem a calcular o volume de blocos desenhados, resolvendo problemas para os quais existe uma única solução, que é dada em metros ou centímetros cúbicos. Este tipo de experiência escolar parece haver afetado a forma como os aprendizes abordaram o problema, levando-os a procurar uma resposta única, independentemente de sua viabilidade. Entre os marceneiros, em todos os momentos da resolução do problema, havia uma preocupação em encontrar uma solução viável. Nesse processo, enquanto os profissionais chegam a uma resposta correta, os aprendizes encontram, mesmo quando consideram todos os dados do problema, uma resposta errada pelo uso inadequado das fórmulas aprendidas nas aulas de matemática e desenho. Provavelmente, se houvesse, por parte dos aprendizes, uma preocupação com a viabilidade de sua resposta, o erro poderia ser percebido e corrigido. Não havendo esta preocupação, a resposta absurda é aceita sem críticas.

As estratégias de cálculo, embora diferentes entre os grupos, eram igualmente efetivas, sendo o percentual de erros de cálculo muito baixo. Este resultado é surpreendente se se considera a variabilidade entre os grupos e entre os marceneiros profissionais em termos de anos de frequência à escola: os aprendizes tinham um mínimo de seis anos de escolarização e os profissionais tinham, no máximo, seis anos de frequência à escola, sendo alguns deles não escolarizados.

Um dado também interessante é o fato de que estratégias mais econômicas, como o uso da multiplicação em lugar da adição, apareceram com maior frequência entre os profissionais. Este dado coincide com os resultados obtidos por Scribner (1984a) que mostra que o uso de estratégias mais econômicas aumenta com a prática. Apesar da multiplicação ser um tipo de operação de nível mais avançado do que a adição e que parece depender mais fortemente da instrução escolar, nossos dados sugerem que através da prática a multiplicação transforma-se num instrumento útil para a resolução de problemas.

De especial interesse para a educação é o fato de que, apesar de receberem instrução formal sobre como calcular o volume de objetos e de resolverem problemas escolares sobre esse tópico, os aprendizes não conseguiam utilizar esse conhecimento escolar para solucionar um problema prático. Parece então que a aprendizagem de matemática e a resolução de problemas, se não estão diretamente relacionadas com a solução de problemas práticos, não são facilmente transferidas para a prática. Uma primeira sugestão que surge é então a de oferecer ao aluno oportunidades de resolver problemas em contextos práticos. Isso poderia contribuir para uma melhor compreensão e para proporcionar a descoberta de estratégias novas e mais econômicas. Uma segunda sugestão é oferecer a criança experiência com problemas que tenham respostas não unitárias, mas que se subdividem em sub-respostas. Isso poderá ajudá-la a lidar mais efetivamente com problemas na vida real.

Bibliografia

CARRAHER, T. N.; CARRAHER, D. W.; SCHLIEMANN, A. D. Na vida, dez; na escola, zero: os contextos culturais da aprendizagem da matemática. *Cadernos de Pesquisa,* n. 42, 1982, p. 79-86.

______. Mathematics in the streets and in schools. *British Journal of Developmental Psychology,* n. 3, 1985, p. 21-9.

______. Written and oral mathematics. *Journal for Research in Mathematics Education,* n. 8, 1987, p. 83-97.

GREENFIELD, P. M. On culture and conservation. In: BRUNER, J. S.; OLVER, B. B.; GREENFIELD, P. M. (Orgs.). *Studies in cognitive development.* Nova York: Wiley, 1966.

______; LAVE, J. Cognitive aspects of informal education. In: WAGNER, D.; STEVENSON, H. (Orgs.). *Cultural perspectives on child development.* San Francisco: Freeman & Co., 1982.

LAVE, J. Cognitive consequences of traditional apprendiceship training in West Africa. *Anthropology and Education Quarterly,* n. 7, 1977, p. 177-80.

LURIA, A. *Cognitive development*: its cultural and social foundations. Cambridge: Harvard University Press, 1976.

PETITTO, A. Practical arithmetic and transfer: a study among West Africa tribesman. *Journal of Cross-Cultural Psychology,* n. 13, 1982, p. 15-28.

REED, H. J.; LAVE, J. Arithmetic as a tool for investigating relations between culture and cognition. *American Ethnologist,* n. 6, 1979, p. 568-82.

ROGOFF, B. Schooling and the development of cognitive skills. In: TRIANDIS, H. C.; HERON, A. (Orgs.). *Handbook of cross-cultural psychology,* Boston: Allyn & Bacon, v. 4, 1981.

SCRIBNER, S. Product assembly: optimizing strategies and their acquisiton. *The Quarterly Newsletter of the Laboratory of Comparative Human Cognition,* n. 6, 1984a, p. 11-9.

______. Organizing knowledge at work. *The Quarterly Newsletter of the Laboratory of Comparative Human Cognition,* n. 6, 1984b, p. 26-32.

SCRIBNER, S.; COLE, M. *The psychology of literacy.* Cambridge: Harvard University Press, 1981.

SHARP, D. W.; COLE, M.; LAVE, C. Education and cognitive development: the evidence from experimental research. *Monographs of the Society for Research in Child Development,* n. 44, 1979, (1-2, n. 178).

STEVENSON, H. W.; PARKER, T.; WILKINSON, A.; BONNEVAUX, B.; GONZALEZ, M. Schooling, environment, and cognitive development: A cross-cultural study. *Monographs of the Society for Research in Child Development,* n. 43, 1978, (3, n. 175).

Capítulo 5

A compreensão da análise combinatória: desenvolvimento, aprendizagem escolar e experiência diária*

*Analúcia D. Schliemann***

Após os três estudos sobre a resolução de problemas aritméticos no trabalho, apresentados nos capítulos precedentes, interessava-nos analisar os limites e o poder do conhecimento matemático desenvolvido fora da escola em modelos mais complexos, como é o caso da análise combinatória. Esta área do conhecimento matemático também foi estudada por Piaget e Inhelder (1951) e a estrutura da combinatória constitui um dos modelos lógico-matemáticos que caracterizam as operações formais na teoria piagetiana (Inhelder e Piaget, 1955). O desenvolvimento desse modelo matemático pode ocorrer independentemente da experiência escolar? Qual a contribuição para a compreen-

* Uma versão anterior deste trabalho foi apresentada na Reunião Anual da American Educational Research Association, Washington, abril de 1987 e publicada no Quarterly Newsletter of the Laboratory of Comparative Human Cognition, 10 (1), 1988, 3-7.

** Agradeço a Terezinha Nunes e David Carraher pelas discussões sobre este trabalho e a Nadja Acioly e Solange Canuto pela coleta e análise dos dados.

são da combinatória como um modelo matemático generalizável a vários conteúdos, de experiências de trabalho específicas onde esta estrutura, embora não explicitada, está presente? E qual a contribuição do ensino escolar, com ênfase nas fórmulas para cálculo do número de permutações, para a compreensão do sistema subjacente?

De um ponto de vista racionalista, a matemática é uma disciplina onde as conclusões são obtidas a partir de premissas claramente definidas e procedimentos rigorosos. Vista dessa forma, a construção e compreensão de modelos matemáticos pouco ou nada têm a ver com procedimentos e práticas da vida diária e somente seriam conhecidos através da instrução escolar formal. Uma visão diferente desta pode ser encontrada entre psicólogos, como Piaget (1965), educadores, como D'Ambrosio (1986), ou filósofos da matemática, como Kitcher (1984). Esses autores, apesar de abordarem o problema da natureza do conhecimento matemático sob diferentes prismas, concordam entre si ao afirmarem que o conhecimento matemático é construído tanto pela experiência como pela reflexão. Piaget (1965) considera a interação entre experiência e reflexão tão importante que espera que a criança desenvolva a compreensão de vários modelos matemáticos independentemente da instrução escolar. Piaget chega a tratar o sucesso da educação mais como resultado do que como causa do desenvolvimento desta compreensão ao afirmar que, em lugar de receber os conceitos matemáticos da instrução escolar, a criança apenas escolhe os aspectos da experiência que seus níveis de desenvolvimento permitem integrar.

Diferentemente do que seria de se esperar dentro de uma visão racionalista, pesquisas realizadas por antropólogos e psicólogos têm demonstrado que experiências na vida diária, fora da escola, podem proporcionar oportunidades para a aprendizagem da matemática, pelo menos no que diz respeito à aritmética (ver Lave, 1977; Scribner, 1984; Carraher, Carraher e Schliemann, 1982, 1985 e capítulo 2 deste volume). No que se refere aos modelos matemáticos mais elaborados, existem ainda poucos estudos.

Um modelo matemático ensinado nas escolas mas também utilizado no dia a dia é a combinatória. Segundo Piaget e Inhelder (1951) a compreensão das operações combinatórias como combinações, permutações ou arranjos desenvolve-se através de estágios e, em torno dos 12-13 anos de idade, a criança é capaz de encontrar, através de método sistemático, todas as permutações existentes entre os elementos de um conjunto. No entanto, Fishbein, Pampu e Minzat (1970) mostraram que o desempenho em tarefas de combinatória pode ser significativamente melhorado através de instrução específica sobre como encontrar todas as permutações entre os elementos de um conjunto. Esses resultados levam a supor que a instrução escolar sobre análise combinatória deveria também contribuir para o melhor desempenho dos alunos em tarefas nesta área.

Para Piaget e Inhelder (1951) o adolescente seria capaz de descobrir uma abordagem sistemática para encontrar todas as permutações entre os elementos de um conjunto independentemente de instrução escolar sobre a análise combinatória. Já os resultados de Fishbein, Pampu e Minzat (1970) indicam que a instrução escolar sobre a análise combinatória deveria ter uma influência sobre o desempenho em tarefas nesta área. No entanto trabalhos anteriores na área das operações aritméticas revelam que a instrução escolar limita-se frequentemente à transmissão de procedimentos e não à análise de problemas. Observações não sistemáticas de aulas sobre a análise combinatória mostram que o ensino escolar limita-se quase sempre ao treinamento no uso de fórmulas e algoritmos para encontrar o número de arranjos, combinações ou permutações entre elementos, sem que os alunos derivem essas fórmulas a partir da manipulação dos elementos. Seria esta abordagem escolar suficiente para promover a compreensão das relações envolvidas em tarefas de permutação? Se se adota a perspectiva racionalista de que a matemática é uma ciência puramente dedutiva, a instrução escolar sobre os aspectos puramente simbólicos da análise combinatória deveria ser suficiente para promover a compreensão e utilização do modelo. Mas se se considera que as experiências do sujeito com o mundo empírico são relevantes para a construção do conhecimento matemático, a manipulação dos elementos seria necessária para que houvesse compreensão dos aspectos formais da análise combinatória.

Além de fazer parte do ensino formal de matemática, a combinatória é utilizada fora da escola em diversas situações de jogos, brincadeiras ou trabalho. Acioly e Schliemann (1987), em seu estudo sobre o conhecimento matemático entre cambistas do jogo do bicho em Recife, mostram como a combinatória faz parte da experiência do dia a dia no trabalho do cambista. Para receber de um freguês as apostas que, no jargão do jogo, são chamadas de centenas ou milhares invertidas, o cambista deve encontrar o número de permutações que existem entre os dígitos de um número, tomados três a três (centenas invertidas) ou quatro a quatro (milhares invertidas). Os cambistas não precisam encontrar quais são essas permutações mas, com a ajuda de uma tabela como a apresentada na Figura 1, precisam descobrir qual o número de permutações existentes, levando em consideração o número de dígitos envolvidos e se existem dígitos repetidos. Ao fim do dia, quando o sorteio é divulgado, para saber se uma determinada aposta invertida foi ou não premiada, o cambista somente precisa analisar se os mesmos dígitos do número que originou a aposta estão presentes no número sorteado, independentemente da ordem em que aparecem.

O procedimento aprendido pelos cambistas e pelos estudantes para encontrar o número de permutações entre os elementos de um conjunto podem ser considerados como semelhantes, pois ambos utilizam uma regra ou algoritmo para encontrar a resposta, sem que seja necessário compreender as permutações como um sistema. O cambista procura a resposta em uma tabela buscando o valor que se encontra no cruzamento entre a linha que indica o número de elementos e a coluna que indica o número de elementos repetidos. O estudante calcula o valor a partir de uma fórmula onde são indicados o número de elementos e o número de elementos repetidos. Por outro lado, apesar dessas semelhanças, as duas experiências são diferentes. Para os cambistas a regra ou algoritmo é utilizada para resolver problemas reais que aparecem no trabalho. Quando eles têm que descobrir qual o número de permutações a resolução do problema não termina quando a resposta é encontrada; essa resposta é um meio para chegar-se a um fim, que é o cálculo do preço a ser pago por uma aposta. Para os estudantes, os algoritmos ou

FIGURA 1

Milhares invertidos — Tabela ampliada

Quantidade de algarismos	Simples	1 par	2 pares	3 pares	4 pares	5 pares	1 terno	2 ternos	3 ternos	4 ternos	5 ternos
4	24	12	6				4				
5	120	60	30				20				
6	360	192	102	54			72	14			
7	840	480	270	150			208	46			
8	1.680	1.020	606	354	192		500	126			
9	3.024	1.932	1.206	738	444		1.044	302	78		
10	5.040	3.360	2.190	1.398	876	540	1.960	646	186		
11		5.460	3.702	2.454	1.596	1.020	3.392	1.254	402		
12			5.886	4.050	2.724	1.800	5.496	2.246	798	252	
13				6.318	4.404	3.000		3.766	1.470	508	
14					6.756	4.764		5.958	2.438	956	
15						7.200			4.046	2.836	1.620
16									6.426	2.836	1.120
17										4.532	1.920
18										6.900	3.140
19										6.900	4.924
20										6.900	7.380

Quantidade de algarismos	1 terno e 1 par	1 terno e 2 pares	1 terno e 3 pares	1 terno e 4 pares	2 ternos e 1 par	2 ternos e 2 pares	2 terno e 3 pares	3 ternos e 1 par	3 ternos e 2 pares	4 ternos e 1 par	Com Repetição
4											1 – 1
5	10										2 – 16
6	38										3 – 81
7	114	62									4 – 256
8	286	162			70						5 – 625
9	626	370	216		174						6 – 1.296
10	1.230	758	460		386	228					7 – 2.401
11	2.218	1.422	896	556	778	476		240			8 – 4.095
12	3.734	2.482	1.620	1.040	1.446	916	572	492			9 – 6.561
13	5.922	4.082	2.752	1.824	2.510	1.644	1.060	936	588		10 – 10.000
14		6.354	4.436	3.028	4.114	2.780	1.848	1.668	1.080	604	
15			6.792	4.796	6.090	4.468	3.056	2.808	1.872	1.100	
16				7.236		6.828	4.828	4.500	3.084	1.896	
17							7.272	6.864	4.860	3.113	
18									7.308	4.892	
19										7.344	
20											

Os números quádruplos devem ser contados por tríplices para a verificação nesta tabela e ao número encontrado adiciona-se então um milhar por cada quadruplicata.

Centenas invertidas — Tabela ampliada

Q. de Alg.	Simples	1 par	2 pares	3 pares	4 pares	5 pares	6 pares	7 pares	8 pares	9 pares	10 pares	50 DAS CENTENAS SOMADAS	
													0 – 1
													1 – 3
1												1	2 – 6
2												8	3 – 16
3	6	3										27	4– 15
4	24	12	6									64	5 – 21
5	60	33	18									125	6 – 28
6	120	72	42	24								216	7 – 36
7	210	135	84	51								343	8 – 45
8	336	228	150	96	60							512	9 – 55
9	504	357	246	165	108							729	10 – 63
10	720	528	378	264	180	120						1.000	11 – 69
11	...	747	552	390	282	195							12 – 73
12	...	...	774	576	420	310	210						13 – 75
13	...	...	...	801	600	436	318						14 – 75
14	...	...	...	...	828	624	462	336					15 – 63
15	...	...	...	...	...	855	648	483					16 – 69
16	...	...	...	...	...	...	892	672	504				17 – 63
17	...	...	...	...	...	...	...	909	696				18 – 55
18	...	...	...	...	...	...	...	...	963	720			19 – 45
19	...	...	...	...	...	...	...	...	...	963			20 – 36
20	...	...	...	...	...	...	...	...	...	...	990		21 – 36
													22 – 28
													23 – 21
													24 – 10
													25 – 6
													26 – 3
													27 – 1

Os números tríplices devem ser contados por duplos para a verificação nesta tabela e ao número encontrado adiciona-se então uma centena por cada triplicata.

Figura 1: Tabelas consultadas pelos cambistas para determinar o número de apostas solicitadas.

fórmulas são aplicados para resolver problemas escolares e os problemas terminam quando se encontra o número de permutações. Neste caso o resultado não é um meio para chegar-se a um fim. Uma outra diferença está no fato de que, no jogo do bicho, as permutações restringem-se a um único conteúdo que são os números. Na escola, números, letras e vários outros conteúdos fazem parte dos exercícios apresentados em sala de aula.

A experiência no uso de regras e algoritmos proporciona compreensão das relações implícitas em um modelo matemático como o da análise combinatória? No caso da resposta a essa pergunta ser afirmativa, que tipo de experiência com algoritmos seria mais proveitosa, a experiência funcional do dia a dia em uma situação bem específica como a do jogo do bicho, ou a experiência escolar, bem mais geral e orientada para símbolos?

O objetivo deste estudo é avaliar como o uso de regras, fórmulas ou algoritmos contribui para a compreensão do sistema combinatório ou, para usar a expressão utilizada por Resnick e Omanson (1986), como a aprendizagem de procedimentos auxilia a aquisição de conhecimento conceitual. A habilidade para encontrar, sistematicamente, quais as permutações possíveis entre os elementos de conjuntos de letras ou cores é analisada em um grupo de cambistas do jogo do bicho e um grupo de estudantes que recebeu instrução sobre a análise combinatória na escola. Um terceiro grupo, sem qualquer experiência regular sobre análise combinatória também participou do estudo como grupo de controle.

Método

Sujeitos

Três grupos de sujeitos foram examinados. O primeiro era o grupo examinado por Acioly e Schliemann (1987), formado por 20 cambistas do jogo do bicho que lidavam com a análise combinatória como parte de seu trabalho. O nível de escolarização desses sujeitos variava de zero a 11 anos de frequência à escola.

O segundo grupo era formado por 20 estudantes que tinham sido recentemente aprovados no exame vestibular para a universidade. Tanto no programa do vestibular, como no programa do curso secundário anteriormente cursado por esses sujeitos, constava a análise combinatória como tema estudado. Metade dos estudantes havia escolhido cursos universitários na área de ciências exatas e tecnologia e a outra metade, cursos das ciências humanas e sociais.

O terceiro grupo era formado por 20 trabalhadores que pertenciam ao mesmo grupo socioeconômico dos cambistas, mas que desempenhavam funções que não exigiam o uso da análise combinatória. A experiência escolar desse grupo, como no grupo dos cambistas, variava de zero a 11 anos de escolarização.

Procedimento

Pediu-se a cada sujeito de cada um dos três grupos que resolvesse os seguintes problemas, onde era necessário encontrar todas as permutações possíveis entre os elementos mencionados:

Problema l: — Vamos fazer de conta que alguém lhe pedisse para fazer tantas camisas diferentes quantas pudesse, usando em cada uma delas uma lista azul, uma lista vermelha e uma lista preta. Cada camisa tem que ter as três cores, mas elas têm que ser diferentes. Você tem que fazer as camisas diferentes arranjando as cores de jeitos diferentes. Numa você pode botar vermelho em cima, preto no meio e azul em baixo. Na outra, azul em cima, vermelho no meio e preto em baixo. Quantas camisas diferentes você pode fazer assim?

Problema 2: — Eu quero saber de quantas formas diferentes você pode arrumar as letras da palavra casa (mostravam-se as letras C, A, S, A, nesta ordem, escritas em um papel). Você não pode tirar nem pôr nenhuma letra. De quantos jeitos diferentes você pode arrumar essas letras?

Se, ao tentar resolver cada um dos problemas, os cambistas não relacionavam o problema com o jogo do bicho, o examinador perguntava se o número de permutações que poderia ser encontrado para as cores ou para as letras era ou não o mesmo encontrado para números no jogo do bicho. Da mesma forma, se os estudantes não mencionavam a análise combinatória, o examinador perguntava se os problemas não poderiam ser resolvidos usando a análise combinatória.

Resultados

O desempenho nos dois problemas foi analisado primeiramente em termos de estágios piagetianos (Piaget e Inhelder, 1951). Dessa forma, os sujeitos foram classificados nos seguintes estágios:

Estágio IA: O sujeito não consegue encontrar todas as permutações possíveis entre três elementos e tem dificuldade em compreender que os mesmos elementos podem ser arrumados de várias maneiras diferentes.

Estágio IB: Neste estágio o sujeito pode encontrar, por ensaio e erro, as seis possíveis permutações entre três elementos, mas não tem certeza de que esgotou todas as possibilidades.

Estágio IIA: Aqui o sujeito encontra, por ensaio e erro, as seis permutações entre três elementos e sabe que esgotou todas as possibilidades. No entanto, não consegue resolver a tarefa quando quatro elementos estão envolvidos.

Estágio IIB: Neste estágio a descoberta empírica do sistema para encontrar as permutações entre três elementos é generalizada para quatro elementos.

Estágio III: Todas as possíveis permutações entre três e quatro elementos são geradas sistematicamente desde o início.

A Tabela 1 mostra a classificação dos sujeitos dos três grupos nos vários estágios. Em geral os estudantes tiveram um melhor desempenho e a diferença entre eles e os cambistas, considerando-se os cinco estágios como uma escala ordinal e calculando-se o U de Mann-Whitney, é significativa ($U = 137{,}5$, $n_1 = 20$, $n_2 = 20$, $p < 0{,}05$ para teste unilateral). No entanto, deve-se atentar para o fato de que, apesar dos estudantes terem pelo menos 12 anos de escolarização, nove deles classificaram-se nos estágios IA e IB. Analisando-se os resultados dos outros grupos, vê-se que somente aqueles com menos de nove anos de frequência à escola classificaram-se em níveis tão baixos.

TABELA 1

Número de sujeitos, nos três grupos, por nível de escolarização e de desempenho nos dois problemas de permutação.

Grupo	Nível de escolarização	Nível de desempenho				
		IA	IB	IIA	IIB	III
Estudantes	12 anos	3	6	3	3	5
Cambistas	Nenhum	2	2			
	1 a 4 anos	4	2		1	
	5 a 8 anos	1	1	1	1	1
	9 a 11 anos				2	2
Controle	Nenhum	4				
	1 a 4 anos	4	3			
	5 a 8 anos	1	3	1		
	9 a 11 anos			2	2	

Comparando-se o grupo de cambistas com o grupo de controle formado por trabalhadores de outras profissões, em cada um dos níveis de escolarização em que estes dois grupos estavam divididos, vê-se que os cambistas sempre atingiam níveis mais altos de desempenho. A diferença entre esses dois grupos também é significativa ($U = 136$, $n_1 = 20$, $n_2 = 20$, $p < 0{,}05$ para teste unilateral).

O fato de alguns trabalhadores do grupo controle, mesmo com nível mais baixo de escolarização que os estudantes, terem atingido estágios mais altos de desempenho pode refletir também uma influência da experiência no jogo. Os estudantes pertenciam a um grupo socioeconômico onde raramente se pratica o jogo do bicho, enquanto entre os trabalhadores encontravam-se alguns jogadores eventuais ou regulares.

Calculou-se o tau de Kendall para analisar a relação entre o nível de escolarização e o desempenho nos problemas de permutação para o grupo dos cambistas e para o grupo controle de trabalhadores. Em ambos os grupos encontraram-se correlações bastante altas e significativas (tau = 0,58, z = 3,51, p < 0,001 para os cambistas e tau = 0,74, z = 3,84, p < 0,001 para os trabalhadores).

Uma segunda análise dos dados procurou avaliar como os sujeitos relacionam os problemas apresentados com suas experiências prévias. Para isso os resultados dos cambistas foram classificados quanto ao reconhecimento, espontâneo ou não, de que os problemas eram do mesmo tipo dos encontrados no jogo do bicho. Para o grupo de estudantes uma classificação similar foi feita quanto à relação entre os problemas e a análise combinatória ensinada na escola. A distribuição desses resultados encontra-se na Tabela 2.

TABELA 2

Número de sujeitos que relacionaram ou não os problemas com suas experiências prévias como cambistas ou como estudantes

Nível de Escolarização	Não Relaciona	Relaciona após sugestão	Relaciona espontaneamente
Cambistas	4	3	13
Estudantes	7	8	5

Em ambos os grupos, espontaneamente ou após sugestões, a maioria dos sujeitos admitia a relação entre os problemas e a situação em que tinham anteriormente lidado com a combinatória. Os sete estudantes que não relacionaram os problemas com a combinatória pareciam jamais haver estudado o assunto ou haver esquecido completamente o que receberam na escola. Os quatro cambistas que não admitiam a relação entre os problemas e o jogo pertenciam aos subgrupos que tinham nenhuma ou menos de cinco anos de escolarização. Estes sujeitos achavam que o número de permutações a ser encontrado entre cores ou letras podia ou devia ser diferente daquele encontrado para os dígitos. Essa dificuldade é ilustrada pelo seguinte protocolo:

Sujeito: MAR. Experiência escolar: nenhuma.

E.: (Examinador, após explicar o problema 1): Quantas camisas diferentes você pode fazer assim?

S.: (Sujeito): *São só três cores, né? Eu não posso botar nenhuma outra cor, né?*

E.: É.

S.: *Três, não, fia?*

E.: Quais são?

S. (Após longa pausa): *Azul em cima, preto no meio, vermelho embaixo. Preto em cima, vermelho no meio, azul embaixo. Vermelho em cima, azul no meio, preto embaixo.*

E.: Só são essas três?

S.: *Acho que só.*

E.: A senhora não acha esse problema parecido com o do jogo não?

S.: *Oxe! Do jogo?*

E.: Sim, se fosse uma centena invertida com três números quantas centenas davam?

S.: Seis.

E.: Não é igual?

S. (Após pausa): *Mas com cor é diferente. Só dá três mesmo. Não tem mais nenhuma não.*

O fato de que 13 cambistas, contra apenas cinco estudantes, espontaneamente, relacionaram os problemas com suas experiências prévias sugere que a transferência do modelo é mais fácil para os cambistas do que para os estudantes. No entanto, esta conclusão deve ser analisada com cautela, uma vez que os problemas de combinatória foram apresentados aos cambistas dentro de uma série de outros problemas claramente relacionados ao jogo do bicho, enquanto os estudantes receberam os dois problemas isoladamente, sem qualquer referência às aulas de análise combinatória.

Finalmente, analisou-se a relação entre o conhecimento escolar e o desempenho nas tarefas de permutação. Não foi encontrada qualquer relação entre o desempenho e o tipo de curso universitário escolhido, ao classificar-se os estudantes em dois grupos: ciências humanas e sociais *versus* ciências exatas e tecnologia. Além disso, como mostra a Tabela 3, no grupo de estudantes nenhuma relação parece existir entre o nível de desempenho nos problemas de permutação e o reconhecimento de que os problemas eram do tipo estudado na escola em análise combinatória. Entre os 13 estudantes que reconheceram que se tratava de problemas de combinatória, apenas três conseguiram achar todas as permutações para os dois problemas através de um método sistemático.

TABELA 3

Número de estudantes que relacionaram ou não os problemas com suas experiências prévias por nível de desempenho nos dois problemas de permutação

	Nível de desempenho				
	IA	**IB**	**IIA**	**IIB**	**III**
Não relaciona	0	3	0	2	2
Relaciona após sugestão	2*	2	2	0	2
Relaciona espontaneamente	1*	1	1*	1	1*

* Indica um sujeito que, pelo menos uma vez, tentou usar fórmulas para encontrar o número de permutações a ser encontrado em um problema.

Apenas cinco dos estudantes que identificaram os problemas como problemas de combinatória tentaram utilizar as fórmulas ensinadas na escola para encontrar o número de permutações possíveis para os elementos. Destes, apenas três sabiam a fórmula correta. O conhecimento das fórmulas, no entanto, não parece ajudar a encontrar as permutações. Um dos estudantes que, usando as fórmulas, conseguiu computar corretamente o número de permutações para três elementos e para quatro com um dos elementos repetidos, não conseguiu encontrar as permutações nem mesmo para três elementos, como mostra o seguinte protocolo:

Sujeito: CLI. Experiência Escolar: Aprovado no Vestibular de Engenharia.

S.: (Após apresentação do problema 1, pelo examinador, e escrevendo as iniciais para preto, azul e vermelho): *V, A, P, P, A, V; A, P e V; e (pausa) P, V e A; V, A e P. É o maior número possível, é?*

E.: Você faz o número que você acha que existe. Só tem essas ou tem mais?

S.: *Só tem essas daí.*

E.: Então, uma, duas, três, quatro, cinco. Você usou algum tipo de raciocínio pra fazer isso aí?

S.: *Não, eu fui fazendo. Agora eu queria fazer por permutação.*

E.: Por permutação? Como é que seria?

S.: *O cálculo, você faz permutação de três aí dá um, vezes dois, vezes três. Aí dá seis permutações.*

E.: Então seriam seis arrumações e você conseguiu cinco. Mas você acha que tem outra?

S.: *Tem outra.*

E.: Mas você não conseguiu descobrir.

S.: *É, não consegui.*

Discussão

Várias conclusões podem ser tiradas deste estudo. Ao que parece, a experiência proporcionada pelo jogo do bicho contribui para a descoberta de como gerar sistematicamente todas as permutações possíveis entre elementos de um conjunto. A experiência escolar tomada como um todo também contribui para o desenvolvimento dessa habilidade. No entanto, a experiência escolar específica sobre a análise combinatória não parece ter um papel relevante. O melhor desempenho do grupo de estudantes parece ser devido mais ao fato de terem frequentado a escola por mais anos do que à instrução que receberam sobre a análise combinatória. A instrução escolar sobre como computar, com fórmulas, o número de permutações não garante a compreensão do modelo subjacente.

Diante desses resultados, o modelo racionalista que se apoia exclusivamente em símbolos e fórmulas para expressar as relações matemáticas não parece ser o mais adequado para promover a compreensão matemática. Por outro lado, a experiência funcional dos cambistas não parece também ser suficiente para promover, isoladamente, uma abordagem sistemática para as tarefas de permutação. Quando a experiência diária é combinada com a experiência escolar é que os melhores resultados são obtidos. É interessante notar que a experiência escolar não precisa incluir instrução específica sobre a análise combinatória para que a compreensão do modelo e a transferência ocorram. Isso não significa que os algoritmos, fórmulas e modelos simbólicos devam ser banidos da escola, mas que a educação matemática deve promover oportunidades para que esses modelos sejam relacionados a experiências funcionais que lhes proporcionarão significado.

Bibliografia

ACIOLY, N. M.; SCHLIEMANN, A. D. Escolarização e conhecimento de matemática desenvolvido no contexto do jogo do bicho. *Cadernos de Pesquisa,* n. 61, 1987, p. 42-57.

CARRAHER, T. N.; CARRAHER, D. W.; SCHLIEMANN, A. D. Na vida dez; na escola, zero: os contextos culturais da aprendizagem da matemática. *Cadernos de Pesquisa,* n. 42, 1982, p. 79-86.

CARRAHER, T. N.; CARRAHER, D. W.; SCHLIEMANN, A. D. Mathematics in the streets and in schools. *British Journal of Developmental Psychology*, n. 3, 1985, p. 21-29.

______. Written and oral mathematics. *Journal for Research in Mathematics Education*, n. 18, 1987, p. 83-97.

D'AMBROSIO, U. *Da realidade à ação*: reflexões sobre educação e matemática. São Paulo: Summus, 1986.

FISHBEIN, E.; PAMPU, I.; MINZAT, I. Effects of age and instruction on combinatory ability in children. *The British Journal of Educational Psychology*, n. 40, 1970.

INHELDER, B.; PIAGET, J. *De la logique de l'enfant à la logique de l'adolescent*. Paris: Presses Universitaires de France, 1955.

KITCHER, P. *The nature of mathematical knowledge*. Nova Iorque: Oxford University Press, 1984.

LAVE, J. Cognitive consequences of traditional apprenticeship training in West Africa. *Anthropology and Educational Quarterly*, n. 7, 1977, p. 177-80.

PIAGET, J. *Études sociologiques*. Paris: Librairie Droz, 1965.

______; INHELDER, B. *La génèse de l'idée de hasard chez l'enfant*. Paris: Presses Universitaires de France, 1951.

RESNICK, L.; OMANSON, S. (Org.). Learning to understand arithmetic. In: GLASER, R. *Advances in instructional Psychology*, v. 3. Hillsdale (NJ): Erlbaum, 1986.

SCRIBNER, S. Studying working intelligence. In: ROGOFF, B.; LAVE, J. (Orgs.). *Everyday cognition: its development in social context*. Cambridge (MA): Harvard University Press, 1984.

Capítulo 6

Passando da planta para a construção: um trabalho de mestres*

Terezinha Nunes

Os estudos apresentados nos capítulos anteriores sobre a matemática da vida diária foram recebidos com entusiasmo por alguns e com ceticismo por outros. O entusiasmo foi observado principalmente entre aqueles que estavam dispostos a tratar a escola como uma situação de aprendizagem, dentre muitas, numa cultura complexa e industrializada. Esse entusiasmo se fez sentir até mesmo num exagero das habilidades descritas naqueles estudos, considerando o ensino da matemática na escola desnecessário. O ceticismo veio principalmente daqueles que estão mais comprometidos com a escola em sua forma atual, os educadores e psicólogos mais tradicionais, que não consideram as questões de ensino-aprendizagem como relacionadas a problemas mais amplos, da

* Os dados deste estudo foram apresentados no trabalho "Froco drawings to buildings. Mathematical scales at work", publicado pelo *International Journal of Behavioral Development*, 1986, n. 9, p. 527-44. O trabalho foi discutido também no Tenth Annual Meeting of the International Group for the Study of the Psychology of Mathematical Education, Londres, julho de 1986. A análise que constitui este capítulo é uma versão atualizada e adaptada daquela apresentada no trabalho anterior.

sociedade como um todo. Esse ceticismo fez-se sentir em críticas às habilidades demonstradas naqueles estudos, que eram consideradas "concretas", porque os meninos lidavam com abacates ou abacaxis e os marceneiros com pedaços de madeira. Nossa própria reação foi de bastante entusiasmo com as habilidades certamente complexas e abstratas que observamos, pois um número nunca é algo concreto e a presença de abacaxis não torna uma multiplicação mais fácil. Mas tivemos, também, muitas dúvidas. Até que ponto estamos diante de habilidades restritas e até que ponto essas habilidades são de natureza mais geral?

Se pensarmos na enorme variedade de habilidades que precisamos para sobreviver hoje no Brasil, veremos que há ocasião para um grande número de aprendizagens que a escola não tem tempo para considerar. Precisamos, por exemplo, saber como seguir receitas na cozinha. Mas uma receita de cozinha não é o que muitos pensam: uma descrição completa de todas as ações necessárias para fazer um suflê, por exemplo. *"Bater os ovos como para omelete"* pressupõe que sabemos como fazê-lo e até que ponto bater. No entanto, mais complexa ainda é a questão de *"Esta receita dá para 6 pessoas"*. E se tivermos 9 pessoas convidadas para o jantar? Que ajustes devemos fazer nas quantidades? Este é apenas um exemplo, dos mais corriqueiros, que mostra como nem em receita de bolo se pode deixar de ter algumas habilidades básicas. Nossa sociedade, porém, tende a prestigiar certas profissões, premiando-as com maiores salários e *status* social mais elevado, e a desprestigiar outras, definindo-as como profissões que exigem habilidades mais elementares ou, até mesmo, a defini-las como não exigindo nenhuma habilidade especial, uma vez que nenhum treinamento é oferecido para esses trabalhadores. No entanto, esses profissionais podem precisar de uma grande variedade de habilidades matemáticas, não formalmente ensinadas e, por isso mesmo, não reconhecidas oficialmente. Eles terão de estruturar seus conhecimentos lógico-matemáticos sem o benefício de qualquer instrução.

O estudo do conhecimento de escalas descrito neste capítulo constituiu uma tentativa de resolver algumas de nossas dúvidas sobre a natureza das habilidades desenvolvidas na prática. Escolhemos uma profissão de baixo prestígio social e para a qual não há ensino profissional formal de impacto sobre o mercado. O problema de escalas foi escolhido após uma descrição detalhada das atividades dos mestres de obras.[1] Os mestres de obras têm uma profissão altamente complexa, em que executam cálculos das mais diversas maneiras, além de organizar e planejar o trabalho dos pedreiros, carpinteiros etc. e lidar com as dificuldades no relacionamento de engenheiros e trabalhadores e dos trabalhadores entre si. O problema de desenho em escalas foi escolhido por sua simplicidade para aplicação a mestres de obras e estudantes e sua definição matemática em termos de proporcionalidade. A proporcionalidade, consistindo de uma relação entre variáveis, não pode ser tratada como "concreta", como foi o caso dos estudos anteriores. Além do mais, o esquema de proporcionalidade é tratado por Inhelder e Piaget (1958) como uma das conquistas do período operatório formal, servindo, pois, claramente aos nossos objetivos neste estudo de encontrar habilidades matemáticas mais sofisticadas e investigar melhor sua natureza.

Mestres de obras e estudantes: diferenças e semelhanças na experiência com matemática

O Brasil tem uma economia capitalista e uma sociedade de classes, sendo necessário localizar nessa sociedade os dois grupos aqui estudados para uma compreensão mais profunda dos significados de nossos resultados.

---

1. A descrição inicial da matemática utilizada entre os mestres de obras foi obtida por observação durante aproximadamente 20 horas de trabalho de dois mestres de obras em duas construções. A autora agradece a seus amigos Alvimar Moreira da Silva e Laércio Campos pela permissão para realizar as observações e pelas plantas utilizadas posteriormente no estudo. A autora agradece também a Lourdes Carneiro Leão, Sônia Proto e Ana Carolina Brandão por sua ajuda na coleta de dados, ao CNPq, que patrocinou este estudo através de bolsa de pesquisa e ao programa MEC-CAPES-PADCT-SPEC pelo auxílio para a realização da pesquisa e apoio para a discussão prévia do trabalho com especialistas no PME.

As camadas de baixa renda nas cidades englobam uma grande variedade de ocupações, que incluem: a) o setor informal da economia, que consiste de atividades com pequeno grau de especialização, não reguladas pelos órgãos governamentais e, portanto, relacionadas à produção de renda livre de imposto mas sem qualquer benefício social do governo (como atendimento médico, aposentadoria ou fundo de garantia); b) empregos regulares nas indústrias, alguns dos quais não são especializados enquanto outros são considerados semiespecializados, garantindo maior *status* no local de trabalho, maior estabilidade no emprego e salário superior ao piso salarial. Os mestres de obras encontram-se neste último grupo, podendo trabalhar "por empreitada" ou por contrato em firmas construtoras. Os mestres de obras geralmente recebem seu treinamento de modo informal, através de aprendizado no trabalho, frequentemente sob orientação de um parente ou amigo. Uns poucos cursos formais existem em algumas capitais, mas esses não chegam a influenciar o mercado de trabalho, pois as oportunidades de treinamento são por demais escassas.

Os mestres entrevistados neste estudo tinham recebido seu treinamento em serviço ao longo de um ou mais anos de prática; apenas um dentre os 17 entrevistados havia recebido treinamento formal por seis meses. A matemática é uma parte integral de seu trabalho, que constantemente envolve mensuração e cálculos. Todos os mestres de obras entrevistados carregavam sempre suas próprias trenas. Entre as muitas responsabilidades de um mestre de obras, encontram-se atividades matemáticas como calcular a quantidade de material (areia, tijolos, cimento, azulejos etc.) entregue nos locais de construção para conferência, calcular a quantidade de trabalho (usualmente em metros quadrados) feita pelos pedreiros diaristas, realizar as medidas e marcação inicial das paredes internas e externas de edifícios, assegurando-se de sua localização e dimensões exatas de acordo com a planta. As plantas são desenhadas com precisão tal que, não havendo a indicação de uma medida na planta, o mestre pode calculá-la a partir da medida no desenho. Dessa forma, os mestres terminam por utilizar na prática um tipo de raciocínio matemático que Vergnaud (1979; 1983) caracteriza como parte das estruturas multiplicativas. Esse raciocínio pressupõe um modelo matemático que vai além do cálculo aritmético simples. Uma escala em um desenho envolve uma relação entre muitos pares relacionados de números porque cada medida na planta representa uma medida exata na construção real. Entre todos esses pares desenho-construção real existe uma relação única, de natureza proporcional, que é representada pela escala. Assim, na escala denominada 1 por 50, cada centímetro no desenho representa 50 centímetros de construção real; 2 centímetros representam 100, e assim por diante para qualquer parede desenhada na planta.

Os estudantes entrevistados no estudo foram selecionados por sorteio em uma classe de 7ª série de uma escola que serve camadas de renda alta em Recife. Como parte de seu programa de 7ª série, os estudantes haviam aprendido a regra de três, ou seja, o algoritmo ensinado no Brasil para a resolução de problemas de proporção, que pode ser representado por $x/a = b/c$. Ao contrário dos mestres de obras, que haviam aprendido a lidar com escalas para a resolução de problemas cotidianos cujas soluções eles precisavam conhecer, os estudantes aprenderam a regra de três em sala de aula. O ensino da regra de três no Brasil visa tipicamente a aprendizagem de um algoritmo: o professor dá exemplos de problemas que podem ser resolvidos pela regra de três, ensina os procedimentos para a "montagem da regra" e os cálculos necessários à solução, e depois apresenta uma lista (ou várias) de problemas para serem resolvidos por meio da regra de três. Os exercícios são tipicamente identificados como exercícios de "utilização da regra de três"; o estudante não precisa, de fato, compreender *por que* está usando este algoritmo mas apenas *como* usá-lo. O ensino de medidas em sala de aula se faz de modo semelhante; raramente os estudantes obtêm medidas na sala de aulas mas aprendem a calcular usando valores que representam medidas (metros, centímetros etc.) e a transformar valores de uma unidade em valores de outra unidade (centímetros em metros, por exemplo). O significado dessas medidas e das transformações pode não estar claro para os estudantes. Para exemplificar, citaremos um estudo de David Carraher (1985) em que ele pediu a estudantes de 5ª e 8ª série que desenhassem suas próprias casas e anotassem, junto ao desenho, as dimensões aproximadas dos quartos. Como estimativas de seus próprios quartos, estudantes até mesmo da 8ª série apresentaram respostas como "um metro por dez centímetros" — respostas que sugerem que as atividades escolares de calcular com medidas e transformar unidades de diversos níveis no mesmo sistema não contribuem para a compreensão do significado de tais valores.

A diferença entre as experiências com matemática dos dois grupos é, pois, notável. No entanto, eles utilizam em suas experiências o mesmo sistema métrico, o mesmo sistema de numeração, o mesmo sistema monetário e estão expostos às mesmas construções — embora os mestres construam, mas não morem nos apartamentos e casas onde vivem os estudantes. Dadas as semelhanças de convenções matemáticas, o estudo permite-nos investigar os efeitos das diferentes circunstâncias de uso dessas convenções, na escola ou no trabalho.

Método

Sujeitos

Participaram deste estudo 17 mestres de obras e 16 estudantes escolhidos por sorteio de uma classe de 7ª série em uma escola particular de Recife. Os estudantes situavam-se na faixa etária de 13 a 16 anos e haviam recebido instrução sobre a regra de três no ano em que foram entrevistados. O nível de instrução dos mestres de obras entrevistados variou desde analfabetos até secundário completo; apenas três haviam frequentado a escola até a 7ª série, série em que a maioria das escolas públicas hoje introduz o estudo de proporções e da regra de três. Todos os mestres de obras tinham pelo menos três anos de prática na profissão. Os mestres foram localizados para participação no estudo através de visitas a construções em três bairros de Recife. Como o estudo foi feito durante um período de baixa atividade no setor de construção civil no Brasil, não houve qualquer tentativa de seleção dos sujeitos em termos de anos de prática ou escolaridade. A permissão para participação no estudo foi sempre obtida primeiro com o engenheiro ou arquiteto responsável pela obra, perguntando-se, em seguida, ao mestre se desejava participar de uma entrevista.

Procedimento

Explicava-se inicialmente ao mestre que a finalidade da entrevista era descrever as formas de resolver problemas de matemática na prática e que sabemos que, em geral, os problemas na prática não são resolvidos do mesmo modo que os problemas na escola. Essa abordagem parece ter facilitado o relacionamento entre a entrevistadora e os mestres, os quais dispunham-se a calcular em voz alta e explicar em detalhes os procedimentos que utilizavam na resolução dos problemas. A tarefa de matemática era apresentada após pelo menos meia hora de conversa, em que eram obtidos, de modo informal, dados sobre a escolaridade, o aprendizado, os anos de prática do mestre e suas responsabilidades na obra; essas informações foram utilizadas para confirmar as observações anteriores, que originaram a descrição da profissão e a escolha da tarefa.

Os estudantes foram entrevistados em suas escolas durante o período de aula. Embora sorteados de suas classes, perguntava-se ao estudante se gostaria de fazer um trabalho utilizando as plantas, as quais estavam sobre a mesa. Não houve recusas entre os estudantes; dois mestres recusaram-se a participar do estudo.

Para a realização da tarefa de matemática, mostrava-se aos sujeitos quatro plantas de interiores, uma de cada vez, desenhadas de acordo com escalas diversas. As plantas não especificavam, no entanto, a escala utilizada, como é habitual. Ao mostrar a planta, o entrevistador mostrava ao sujeito que, para a maioria das paredes, as medidas a serem usadas na construção estavam indicadas ao lado do desenho. No entanto, havia algumas paredes cujas medidas não estavam indicadas. O trabalho dos participantes era determinar as dimensões dessas paredes na realidade, usando informações contidas na planta. Para iniciar, o entrevistador mostrava ao sujeito que ele podia obter a medida de uma parede no desenho e compará-la com a medida indicada para aquela mesma parede na construção; esses dois valores serão denominados o primeiro par de dados. Esse primeiro par de dados constituía uma informação necessária à solução do problema e podia ser usado pelos mestres para determinar a escala do desenho. O segundo par de dados era formado por um valor que o sujeito obtinha por mensuração do desenho e uma incógnita, que era a dimensão real da parede medida a ser calculada. A Tabela 1 apresenta os dados numéricos utilizados no estudo.

TABELA 1

Problemas apresentados

Escala	Primeiro par	Valores dados no segundo par
1/100	3 cm/3 m	4 cm; 2,8 cm; 3,2 cm
1/50	6 cm/3 m	9 cm; 7,5 cm; 5,5 cm
1/40	5 cm/2 m	8 cm
1/33,3	9 cm/3 m	15 cm

Foram utilizados quatro tipos de escalas, duas das quais (1/100 e 1/50) são comumente utilizadas na construção civil e duas outras (1/40 e 1/33,3) que nunca encontramos em uso. As escalas 1/100 e 1/50 são, pois, familiares para os mestres de obras e as escalas 1/40 e 1,/33,3 são novas. As escalas novas foram introduzidas a fim de verificarmos se o conhecimento dos mestres é restrito às situações familiares ou se ele se estende à solução de situações novas. Dentre as escalas novas, a primeira, 1/40, utiliza a mesma concepção de escala a que os mestres estão habituados, ou seja, a medida obtida na planta pode ser multiplicada por um número inteiro para a obtenção da medida real. A escala 1/33,3 contraria essa definição, pois o número em centímetros (9) dividido por um número inteiro (3) resulta na obtenção da medida real. Ao apresentarmos uma escala nova cuja definição requer a inversão da definição habitual de escala podemos, pois, certificar-nos de que os mestres não aplicam simplesmente um algoritmo aprendido para a resolução de escalas mas compreendem, de fato, a existência de uma relação proporcional entre os pares de números.

Os estudantes, ao contrário dos mestres de obras, tinham recebido instrução formal em um algoritmo apropriado para a resolução de todos os problemas — a regra de três. A distinção entre escalas familiares e não familiares não se aplica aos estudantes, pois estes não tinham contato anterior com o desenho em escala. Como sua experiência era com a regra de três, a dificuldade dos diferentes problemas para os estudantes deve variar em função da dificuldade dos cálculos ou da utilização de decimais, mas não em função do tipo de escala.

As escalas familiares foram sempre apresentadas antes das escalas novas; dentro desses dois grupos de escalas, a ordem de apresentação dos problemas foi variada sistematicamente. As entrevistas foram conduzidas individualmente seguindo o método clínico piagetiano; ao final de cada item, o entrevistador apresentava questões complementares aos sujeitos, a fim de identificar a estratégia utilizada na resolução do problema. As perguntas adicionais não eram feitas quando a estratégia usada na solução já havia ficado clara durante a própria resolução do problema em vista dos cálculos intermediários realizados de maneira observável (em geral, oralmente). Os examinadores colocavam sobre a mesa lápis e papel, mas não faziam qualquer tentativa de levar os sujeitos a calcular por escrito. Os entrevistadores tinham também uma régua, que utilizavam para obter as medidas do primeiro problema, sendo que sua abordagem ao problema servia como modelo para a resolução dos problemas subsequentes. Apenas um estudante não seguiu o modelo criado nas instruções, não utilizando a régua para a obtenção dos dados necessários à solução dos problemas subsequentes, tendo seus resultados sido excluídos do estudo.

Resultados e discussão

Três aspectos do desempenho na tarefa de matemática foram analisados: a percentagem de respostas corretas, as estratégias utilizadas na resolução dos problemas e o tipo de erro.

Percentagem de respostas corretas

Com respeito ao índice de acerto, os mestres de obras mostraram desempenho significativamente superior aos estudantes em ambas as escalas familiares (para a escala 1/100, $z = 3{,}8$; $p < 0{,}01$; para a escala 1/50, $z = 4{,}22$; $p < 0{,}01$). Nas outras duas escalas, as diferenças não são significativas, sendo favoráveis aos mestres de obras na escala 1/40 e aos estudantes na escala 1/33,3. Note-se, ainda, que a inversão na direção de maior percentagem de acerto não se deve a uma queda no desempenho dos mestres na escala 1/33,3, mas a uma melhoria dos estudantes nesse problema. As diferenças entre as escalas voltarão a ser discutidas durante a análise de erros. A percentagem de respostas corretas em cada um dos grupos por escala aparece na Tabela 2.

TABELA 2

Percentagem de acertos por escala*

	Escalas			
	1/100	**1/50**	**1/40**	**1/33,3**
Mestres de obras (N = 17)	100	89	42	59
Estudantes (N = 16)	75	50	25	80

* Nas escalas 1/100 e 1/50 há três observações por sujeito; nas escalas 1/40 e 1/33,3 há uma observação por sujeito; há 5 mestres a menos na escala 1/40, a qual foi introduzida no estudo apenas após a entrevista com 5 mestres.

Estratégias de resolução

As estratégias usadas na resolução dos problemas foram classificadas com base nas verbalizações dos sujeitos durante o processo de resolução e das explicações adicionais para as respostas. Algumas das categorias de classificação usadas foram escolhidas por razões teóricas; outras foram derivadas empiricamente. As categorias interessantes do ponto de vista teórico são a regra de três, que é o algoritmo ensinado na escola para a resolução dos problemas de proporção, e as soluções aditivas incorretas, que são descritas por Piaget e seus colaboradores como respostas características do final do período de operações concretas. Há razões para que se espere o aparecimento de ambos os tipos de resposta neste estudo, principalmente entre os estudantes, que haviam recebido instrução na regra de três mas poderiam estar ainda no estágio IIB, de transição entre operações concretas e operações formais. Duas categorias foram geradas a partir dos dados: a estratégia de teste de hipóteses e a estratégia de descoberta da relação.

A *regra de três* é uma estratégia que envolve a aplicação do algoritmo a/b = x/c. Essa estratégia poderia ser aplicada com sucesso a qualquer um dos problemas neste estudo, pois as informações necessárias para a solução estavam disponíveis. Salientamos aqui que as contas usadas na aplicação da regra de três, multiplicação e divisão, são aprendidas pelos estudantes ainda na 3ª série; a não aplicação da regra de três não pode ser justificada como relacionada a dificuldades de cálculo, mas resulta, provavelmente, de dificuldades conceituais.

As *soluções aditivas incorretas* consistem em tratar a diferença nos valores absolutos do primeiro par de números como a relação a ser transferida do primeiro para o segundo par, mantendo essa diferença constante no segundo par. Na verdade, as soluções aditivas incorretas consistem em definir em termos de números inteiros uma situação que deve ser definida em termos de números racionais. Por exemplo, o primeiro par de números da escala 1/50 era 6 cm representando 3 m; a diferença entre os dois valores é 3. Uma solução aditiva incorreta seria, por exemplo, responder que o valor real da parede cuja dimensão na planta é 9 (cm) deveria ser 6 metros — mantendo constante a diferença de 3, existente no primeiro par. Como Piaget e seus colaboradores salientaram, esse tipo de resposta considera a existência de uma relação entre as duas variáveis, o que marca um progresso definitivo no raciocínio do sujeito em comparação com os estágios anteriores, nos quais apenas uma variável é considerada pelo sujeito em cada momento. No entanto, a relação é definida de maneira aditiva, e não multiplicativa, como seria apropriado no caso de proporções.

O *teste de hipóteses* é uma estratégia cuja descrição resultou deste estudo, mas que foi posteriormente observada também por Carraher e Schliemann (ver os dados do próximo capítulo). Essa estratégia trata todas as escalas conhecidas pelo sujeito como um conjunto de hipóteses a serem testadas por comparação com os dados do problema. A estratégia envolve dois passos: 1) identificar a escala com base no primeiro par de números; 2) calcular o valor da incógnita do segundo par. Transcrevemos abaixo alguns exemplos de entrevistas, os quais mostram como os sujeitos obtêm a informação do primeiro par de números e testam hipóteses comparando essa informação com os valores esperados para cada escala familiar. Apresentamos dois exemplos, um de uma solução bem-sucedida com a escala 1/50 e outro de uma tentativa sem sucesso, em que o problema envolvia a escala nova 1/33,1. Quando a escala é familiar, o primeiro passo da estratégia parece basear-se em fatos bastante conhecidos. J. A., por exemplo, obteve a informação sobre o primeiro par para a escala 1/50 e disse: *"Esta não é a escala 1 por 100, esta escala é 1 por 50, porque na escala 1 por 100 cada centímetro conta como 1 metro. Nesse daqui, a gente tem de diminuir* (isto é, *6* cm representam *3* m), *então a gente já sabe que não vai ser a escala 1 por 100. Aqui a escala vai ser 1 por 50 porque cada 2 centímetros vai valer um metro". O* teste de hipóteses, apesar de ser uma estratégia sofisticada, não pode ser bem-sucedido quando a escala é nova, porque uma escala nova não faz parte do conjunto de hipóteses do sujeito. O exemplo seguinte é retirado da entrevista com L. S., enquanto este tentava resolver o problema com a escala 1/33,3. Inicialmente, L. S. testa o primeiro par de números com relação à hipótese de escala 1/50, sempre falando alto. Após pausas, em que aparentemente testa outras escalas, rejeita as escalas 1/100 e 1/20, que conhece de sua experiência de trabalho, e desiste de encontrar a solução: *"Nove centímetros, 3 metros. Esta escala é... 1/50, não, porque então era 4 metros e meio* (para 9 cm no papel, 4,5 m na realidade e não 3 m). (Pausa) *Se a senhora desenhou desse jeito é porque tá certo.* (Pausa) *Esse eu não sei. (E.: Por que não? O senhor resolveu os outros todos.) Porque não dá certo pra 1 por 50, não dá certo pra 1 por 1* (*sic*, significando 1 por 100; o jargão profissional envolve ambas as terminologias) *e também não dá certo pra 1 por 20. Tem três tipos de escala, 1 por 50, 1 por 1 e 1 por 20. A mais simples é 1 por 1, não tem que calcular, olha os centímetros e já sabe os metros. Agora, 1 por 50 e 1 por 20, tem de calcular pra saber os metros. Agora, essa daqui mostra 9 centímetros e 3 metros. Nunca trabalhei com essa não, só trabalhei com as outras três. Essa eu não sei, não".* Essa estratégia é efetiva para a situação de trabalho, em que as escalas são sempre as mesmas, mas não permite a generalização ou transferência do conhecimento para outras escalas.

A estratégia de *descoberta da relação é* uma categoria descritiva que criamos para este estudo diante do comportamento de certos sujeitos de primeiro tentar encontrar uma relação mais simples entre os números do primeiro par e depois transferir esta relação para o segundo par. A relação simplificada era frequentemente, mas nem sempre, 1/x ou x/1. Uma vez identificada essa relação, ela era transferida para o segundo par ou por multiplicação ou por adição repetida. Não foi feita uma classificação posterior da transferência, distinguindo-se a multiplicação da adição repetida, uma vez que os mesmos sujeitos resolviam os problemas de ambas as formas em ocasiões diferentes. Observe-se, no entanto, que as duas maneiras de resolver os problemas estão baseadas num único passo inicial, que consiste na descoberta da relação — na verdade, uma razão simplificada —, o que envolve uma concepção multiplicativa do problema. Por exemplo, J. M., um mestre de obras analfabeto com 12 anos de prática na profissão, ao resolver o problema com a escala 1/33,3, utilizou essa estratégia (e apresenta os dados do problema, em que uma parede desenhada com 9 cm na planta deve ser construída com 3 m de comprimento na realidade): *"Nove centímetros, 3 metros. Certo. Esta é fácil. (E: Por quê?) Porque é só pegar três centímetros pra cada metro. (E: Como é que o senhor encontrou essa solução tão rápido assim?) Nove não é igual a 3 vezes 3? Então, se é três metros de parede, 3 vezes 3, 9. Agora, a outra aqui* (mostrando no papel o desenho da outra parede cujo valor real deve ser descoberto) *tem 15, a parede vai ser de 5 metros. Porque 3 vezes 5 é 15, este foi muito fácil".* Observe-se que J. M. encontrou a relação — pegue 3 cm para cada metro de parede — e transferiu a relação para o segundo par de números por multiplicação. Ao resolver o problema com a escala 1/40, no entanto, ele identificou a relação e transferiu para o segundo par por adições repetidas: *"No papel é 5 centímetros. A parede é pra ter 2 metros. Agora, uma coisa eu tenho que explicar pra senhora. Essa não é uma escala que a gente trabalha com ela na construção. (E: Certo, essa não é usada não.) Esse a gente tem que dividir. Vamos pegar 5 centímetros aqui e aqui é 2 metros. Eu acho que esse a senhora fez de propósito.* (Olha para E. e ri.) *Eu não acho que eles iam desenhar uma planta assim.* (Faz outras observações de natureza geral.) *Esse é difícil. Um metro vale 2 centímetros e meio.* (Aqui o sujeito simplificou a relação.) Aqui (na planta) *está mostrando 8 centímetros. Um metro, 2 centímetros e meio. Dois metros, 5 centímetros* (marcando os centímetros na trena ao mesmo tempo em que conta os metros correspondentes; a trena está colocada sobre a planta.) *Três metros, 7 e meio centímetros.* (Pausa; observe-se que faltam 5 milímetros para a solução correta ser encontrada.) *Agora, 25 dividido por 5. Três metros, 7 centímetros e meio, 3 metros, mas ainda faltam 5 milímetros. (E: Hum-hum, faltam cinco.) Se eu tenho, se eu tenho 2 centímetros e meio valendo 1 metro, esse* (mostra 5 milímetros) *é esse* (mostra 2,5 centímetros) *dividido por 5. Então é 20 centímetros de parede, aí eu somo, é 3 metros e 20. (E: Pera aí. Como foi mesmo que o senhor fez?) Esse* (mostra 2,5 cm) *é esse* (5 mm) 5 *vezes. E então, o que é que multiplicado por* 5 *dá um metro? É tudo resolvido por raciocínio".* De fato, o raciocínio de J. M. é impecável. Ele encontra inicialmente uma relação mais simples — 2,5 cm na planta representam 1 m na parede real — e resolve por adições sucessivas o valor de uma parede com 7,5 cm no desenho. No entanto, a medida que ele obteve nesse caso foi 8 cm. Faltam 5 milímetros. J. M. simplifica novamente a relação — se 2,5 cm é igual a 5 mm vezes 5, ele busca o valor de 1 m dividido por 5, obtém 20 cm, e soma aos três metros já calculados. Apesar de resolver o problema por adições repetidas, a concepção da relação entre os números do par não é aditiva, mas multiplicativa.

A Tabela 3 mostra o resultado da distribuição dos sujeitos por estratégia e escala. A escala 1/100 não foi incluída na análise porque todos os sujeitos apenas tentavam "ler" os valores da planta, fazendo os necessários ajustes de unidade de medida. Com relação à escala 1/50, embora tenham sido apresentados três problemas, a identificação da escala era feita sempre no primeiro problema, sendo esta identificação simplesmente aplicada às outras questões sobre a mesma planta. Dessa forma, os julgamentos sobre a estratégia de resolução são baseados na abordagem dos sujeitos ao primeiro problema apresentado. Nas outras duas escalas, apresentava-se apenas um problema por planta.

TABELA 3

Percentagem (e número) de sujetos por estratégia

	Escala		
	1/50	**1/40***	**1/33,3**
Mestres de obras			
Regra de três	—	—	—
Teste de hipóteses	47 (8)	25 (3)	35 (6)
Descoberta da relação	47 (8)	67 (8)	59 (10)
Solução aditiva incorreta	—	—	—
Não identificada	6 (1)	8 (1)	6 (1)
Estudantes			
Regra de três	—	6 (1)	6 (1)
Teste de hipóteses	—	—	—
Descoberta da relação	88 (14)	82 (14)	82 (14)
Solução aditiva incorreta	6 (1)	6 (1)	6 (1)
Não identificada	6 (1)	6 (1)	6 (1)

*Para essa escala há cinco observações a menos, pois ela foi introduzida no estudo após a entrevista com cinco mestres.

Alguns resultados serão enfatizados na discussão das observações resumidas na Tabela 3. Em primeiro lugar, note-se que a regra de três foi usada apenas por um estudante ao resolver os problemas com as escalas 1/40 e 1/33,3, *embora todos tivessem recebido instrução sobre este algoritmo*. Este resultado confirma observações anteriores de Hart (1981) na Inglaterra e Vergnaud (1979) na França, que mostraram que a transmissão cultural sistemática desse algoritmo nas aulas de matemática não tem um efeito direto e marcante sobre o desempenho dos estudantes ao resolverem, fora das aulas de matemática, outros problemas em que estão envolvidas relações proporcionais.

Segundo, os dados da Tabela 3 indicam claramente que a maioria dos problemas foram resolvidos ou pela estratégia de teste de hipóteses ou pela descoberta da relação. Entre os estudantes, que não dispunham de um conjunto de hipóteses para testar, apenas a estratégia de descoberta da relação aparece. Assim, o conhecimento que os mestres de obras tinham das escalas lhes dá uma vantagem ao resolverem problemas com escalas conhecidas, em que eles mostram desempenho significativamente superior ao dos estudantes. Entretanto, quando o método de teste de hipóteses não pode mais ser aplicado, no caso das escalas novas, as diferenças entre estudantes e mestres de obras desaparecem, e o desempenho dos dois grupos não mais difere significativamente. A análise de erros, apresentada posteriormente, esclarecerá ainda melhor as diferenças entre estudantes e mestres de obras.

Finalmente, foi observado apenas um caso de solução aditiva incorreta nas escalas 1/40 e 1/33,3. Esta incidência extremamente baixa de respostas aditivas incorretas não pode ser ignorada, uma vez que as respostas aditivas incorretas correspondem a um estágio cognitivo na teoria piagetiana. Aliás, qualquer tentativa de enquadrar os resultados deste estudo na teoria de estágios de Piaget é extremamente desencorajadora. Se tratarmos a estratégia da descoberta da relação como uma estratégia que caracteriza o período operatório formal, teremos aproximadamente 90% dos estudantes e 70% dos mestres de obras classificados como sujeitos que estruturam sua compreensão de escalas de forma consoante com o raciocínio formal. Esta interpretação, de fato, não parece distorcer os resultados deste estudo, uma vez que o esquema de proporcionalidade está claramente envolvido na estratégia de descoberta da relação. No entanto, há aproximadamente 25%

de mestres de obras que trabalham por teste de hipóteses mesmo quando esta estratégia não conduz à solução do problema. Que nível de desenvolvimento corresponderia a essa estratégia na teoria piagetiana? Certamente não os níveis mais elementares, como os do período pré-operatório, pois nestes os sujeitos não são capazes de reconhecer a contradição entre proposições de natureza lógico-matemática, sendo os testes de hipóteses caracteristicamente uma avaliação da contradição entre os dados do problema e as predições a partir da escala que foi tomada como hipótese. Não se pode admitir que essa estratégia de teste de hipóteses seja característica do período operatório concreto, porque a consideração de apenas uma variável e a concepção aditiva do problema, que caracterizam o raciocínio operatório concreto, não estão presentes. Se decidirmos classificar os sujeitos que trabalham por teste de hipóteses como "operatórios formais", ou o faremos por exclusão, o que não é uma prática científica aceitável, ou o faremos porque o raciocínio de teste de hipóteses é semelhante ao raciocínio proposicional, típico do período operatório formal. Nesse caso, ficamos certamente sem explicação para a não utilização de uma estratégia de caráter mais geral entre os sujeitos que trabalham por teste de hipóteses, uma vez que eles têm a necessária competência para desenvolver estratégias dessa natureza e prática no ramo. Portanto, uma interpretação simples desses dados à luz da teoria piagetiana não é possível. A questão da não aplicabilidade da teoria de estágios ao raciocínio de adultos analfabetos e semi-instruídos já foi levantada anteriormente (Carraher e Carraher, 1981), quando observou-se, na tarefa de flutuação de corpos, que o raciocínio de uma percentagem significativa de sujeitos não podia ser classificada de acordo com os estágios piagetianos sem uma distorção de seus argumentos.

Análise de erros

Se compararmos a frequência de utilização da estratégia de descoberta da relação com os índices de acerto, podemos obter uma compreensão mais clara dos resultados. Entre os mestres de obras, 59% usaram este método ao resolver o problema com a escala 1/33,3 e apenas um deles não conseguiu chegar à solução correta. Esta escala viola as expectativas dos mestres com relação a escalas em geral, como vimos anteriormente, porque o primeiro par de números aparece invertido a partir de seu ponto de vista. A. S., por exemplo, um mestre de obras sem instrução e com 10 anos de experiência, respondeu à questão sobre esta escala do seguinte modo: "*Olhando aqui* (na trena), *eu tenho 9* (cm) *e na planta diz* 3 (m). *Veja bem essa escala quase não existe porque dá número quebrado, não dá certo. Mas com 3, se fosse 30, 1 por 30, ia dar... (E: Ia dar quanto?) Três vezes 3, 9. É, é um por 30.* (Observe-se que a multiplicação está correta mas o rótulo para a escala está errado devido à direcionalidade implicada na escala; uma escala 1 por 30 é aquela em que a medida da parede no papel multiplicada por 30 é igual à medida da parede na realidade; nesse caso, a definição não se aplica.) A. S., no entanto, continua: *Então essa daqui dá 15 na planta, então ia ser uma parede de 5 metros*". Apesar de A. S. não ter conseguido encontrar o nome correto para a escala, ele consegue obter a solução correta para o problema. J. F., no entanto, que tinha 10 anos de prática e havia frequentado a escola até a quinta série, aplicou a mesma estratégia de descoberta da relação ao tentar resolver o problema, mas não foi bem-sucedido, pois sua definição unidirecional de escala interferiu com a resolução: "*Nove centímetros. A parede é de 3 metros. Nove vezes quatro... Nove centímetros é três metros, certo? (E: Certo.) Nove para três. Nove e nove, dezoito. Nove vezes três, vinte e sete. Três centímetros para nove, sim. Não está dando certo. A senhora não pode desenhar uma escala desse jeito. Porque não é 27, fica menos, porque 27 seria 2 metros e 70, fica menos, e vezes 40 ficaria 3 metros e 60. Não dá certo para ficar 3 metros. A escala vai ser 1 por 31, talvez, ou 1 por 36. Mas não dá certo, vai dar número quebrado*". J. F. não consegue obter a solução correta, embora utilize um método apropriado, em consequência de sua definição de escala. Entretanto este foi o único mestre de obras que não resolveu o problema apesar de utilizar a estratégia de descoberta da relação. Todos os outros, mesmo sentindo as dificuldades resultantes de suas tentativas de nomear a escala, conseguiram encontrar a solução correta. Todos os estudantes que utilizaram a descoberta da relação resolveram corretamente este problema.

Se compararmos os níveis de dificuldade das escalas 1/33,3 e 1/40 (ver Tabela 2), vemos que existe uma diferença significativa entre o desempenho dos estudantes nessas duas escalas (usando um teste z para amostras correlacionadas, $z = 2{,}71$; $N = 16$; $p < 0{,}02$), embora a percentagem de estudantes utilizando a estratégia de descoberta da relação não seja diferente nos dois problemas (ver Tabela 3). Esta diferença pode ser mais bem compreendida mediante a análise de erros, que indicará as dificuldades encontradas pelos estudantes nas duas situações. Na escala 1/33,3, os valores do problema — 9 cm representando 3 metros — conduziam, no primeiro passo da estratégia da descoberta da relação, à descoberta de que 3 cm no papel representam um metro na realidade. A transferência dessa relação para o segundo par era resolvida sem dificuldade tanto quando feita por adições repetidas como quando feita por multiplicação; somando um metro para cada três centímetros na planta, os sujeitos facilmente encontravam o resultado de 5 metros para uma parede com 15 centímetros no desenho. No entanto, a transferência da relação encontrada na escala 1/40 — cada 2,5 centímetros representando 1 metro de parede — não podia ser facilmente encontrada por adições repetidas. Os sujeitos que trabalhassem por adições repetidas calculavam a equivalência entre 7,5 centímetros e 3 metros, devendo, a seguir, descobrir quanto mediria na realidade uma parede com 8 centímetros no desenho. Assim, aqueles sujeitos que trabalhassem por adições repetidas sentiam muita dificuldade ao resolver o problema final, enquanto que os que trabalhassem por multiplicação, encontrando a definição da escala como 1/40, não tinham tal dificuldade. O desempenho dos estudantes caiu sensivelmente nesta escala, uma vez que apenas 31% resolveram o problema por multiplicação e 43% resolveram por adições repetidas. Entre os mestres de obras, foram observadas 42% de soluções multiplicativas e apenas 17% de soluções aditivas.

Uma análise dos erros entre os sujeitos que trabalharam por adições repetidas revelou outras diferenças importantes entre estudantes e mestres de obras. Embora ambos os grupos tivessem dificuldades em calcular com decimais, suas soluções finais eram de natureza diferente. Os mestres de obras que não resolveram o problema corretamente foram capazes de arredondamentos "sensatos", dizendo sempre que a resposta seria maior do que 3 metros porém menos do que três metros e meio, o que constitui uma estimativa apropriada. Entre os estudantes, porém, não se encontravam tentativas de estimar, mas sempre de calcular o resultado final. Essas tentativas de dividir o meio centímetro restante no problema terminavam frequentemente em respostas sem sentido, como "três vírgula cinco e meio" ou "três vírgula cinco vírgula cinco" — resultados obtidos por divisões sucessivas de meio centímetro ao meio.

A maior dificuldade dos estudantes, no entanto, foi a de encontrar o significado dos resultados de seus cálculos, especialmente quando apareciam decimais. Por exemplo, após encontrar os números corretos para o valor real de uma parede desenhada em escala 1/50 que media 7,5 cm na planta, um estudante apresentou como resposta o valor "três metros e setecentos e cinquenta centímetros". Outra resposta do mesmo tipo foi a leitura de "33 centímetros" ou "330 milímetros" para uma parede desenhada em escala 1/100 e que media 3,3 cm na planta. Tais erros indicam a falta de significado dos valores enunciados pelos estudantes, uma vez que essas são dimensões muito pouco razoáveis para a largura de um quarto em um apartamento!

Escolaridade e desempenho entre mestres de obras

Finalmente, foi examinada também a relação entre o nível de escolaridade dos mestres de obras e seu desempenho na tarefa. Para este exame, os mestres de obras foram agrupados de acordo com três níveis de escolaridade: 1) nenhuma escolaridade; 2) terceira ou quarta série completas (não houve intermediários entre esses dois primeiros níveis); 3) quinta série ou mais. A Tabela 4 apresenta os resultados desta análise, os quais não sugerem nenhuma superioridade dos mestres com maior escolaridade. No entanto, não se pode aplicar nenhuma análise estatística sobre esses dados, uma vez que não é possível controlar o importante efeito dos anos de prática para a realização da análise. Embora todos os mestres tivessem pelo menos três anos de prática, as variações, mesmo acima desse nível, ainda podem ser consideradas como relevantes para a determinação da eficiência em uma tarefa com escalas.

TABELA 4

Percentagem de respostas corretas (C) e incorretas (I) dadas pelos mestres por nível de escolaridade

	Escalas					
	1/50		1/40		1/33,3	
Escolaridade	**C**	**I**	**C**	**I**	**C**	**I**
Analfabetos (N = 4)	92	8	100	0	75	25
3 e 4 anos (N = 8)	96	4	66	34	50	50
5 a. ou mais (N = 5)	100	0	0	100	20	80

Conclusão

Consideramos como uma contribuição fundamental deste estudo a demonstração de que o trabalho em uma profissão como a de mestre de obras, de baixo prestígio social, e na ausência de escolaridade pode resultar no desenvolvimento de estratégias gerais de solução de problemas, que recorrem ao esquema de proporcionalidade, característico do raciocínio formal. Essa demonstração tem repercussões teóricas e práticas. Teoricamente, apesar de não podermos confirmar todos os estágios descritos por Inhelder e Piaget (1951; 1959) no desenvolvimento do esquema de proporcionalidade, podemos apoiar a sua possível universalidade, não sendo a escolarização do tipo europeu necessária a esse desenvolvimento. Do ponto de vista educacional, porém, as implicações desses resultados são ainda mais interessantes. A alta percentagem de mestres que trabalhavam usando a estratégia de descoberta da relação é um dado que deve levar à reconsideração da ideia de que a escola seria uma meritocracia; esses mestres, que não haviam se saído tão bem na escola e, diante de pressões econômicas a abandonaram, certamente não podem ser considerados deficientes quanto a suas habilidades lógico-matemáticas.

Além das semelhanças, expressas na identificação de uma estratégia comum a mestres de obras e estudantes, consideremos também as diferenças. Resnick (1982) propôs uma distinção entre semântica e sintaxe na aprendizagem das operações aritméticas. A sintaxe está relacionada a um conjunto de regras para operar com números, tal como "não se pode tirar um número maior de um número menor" usada na subtração com reserva, ou "quando o número é maior do que dez em uma das casas, faça o 'vai um' para a casa seguinte". A semântica está relacionada ao significado dos números. Ambos os tipos de conhecimento podem ser usados para a realização de operações aritméticas; no entanto, a escola enfatiza mais a transmissão de regras — a sintaxe — do que a semântica. Uma percentagem significativa de estudantes (aproximadamente 80%) mostrou-se capaz, neste estudo, de lidar corretamente com os aspectos sintáticos do problema, mas sentiu dificuldades ao lidar com o significado dos números. Esses estudantes escolheram uma estratégia apropriada à solução do problema — a estratégia de descoberta da relação —, mas a percentagem de estudantes que resolviam o problema corretamente era sempre inferior à percentagem dos estudantes que escolhiam uma boa estratégia de solução. Observe-se, ainda, que a estratégia escolhida não foi aquela prescrita pela escola para a resolução de problemas de proporção; portanto, o efeito positivo da escolaridade não se deu simplesmente via ensino/aprendizagem de um algoritmo específico, apropriado à resolução da situação-problema. Esta estratégia de descoberta da relação não pode ser tratada como uma idiossincrasia do grupo de estudantes que participou desta investigação; ela aparece também em outros estudos, como em Abramowitz (1976) e Rupley (1981), citados por Karplus, Pulos e Stage (1983).

Ao contrário da aprendizagem escolar, a experiência cotidiana parece enriquecer os números de significado. Assim, os mestres de obras eram mais eficientes do que os estudantes ao utilizarem a mesma estratégia, exibindo um número reduzido de erros quando a estratégia escolhida era apropriada.

A prática na vida diária parece ter influenciado os mestres de obras de várias formas. O aparecimento de uma estratégia como a de teste de hipóteses representa uma adaptação à situação de trabalho que não se presta à transferência a outras situações, mas que não pode, de modo algum, ser considerada como uma estratégia inferior. A especificidade da estratégia revela um conhecimento da arte pelo mestre, sendo os limites da própria arte relacionados à abrangência de sua estratégia. Ao testar hipóteses, os mestres testam apenas as hipóteses razoáveis, relacionadas a escalas conhecidas, e por isso não resolvem os problemas com escalas desconhecidas. Seriam os mestres que operaram por meio do teste de hipóteses mais limitados, menos inteligentes, menos instruídos em matemática do que os outros? O estudo não nos permite responder a tal questão. No entanto, seu raciocínio não se mostra deficiente; seu conhecimento das escalas que utilizam na prática lhes permite identificar qualquer uma delas em uma situação nova, pois neste estudo, ao contrário do que ocorre na vida cotidiana, as escalas não estavam identificadas nas plantas.

Algumas questões permanecem com relação às diferenças entre os mestres que trabalhavam por teste de hipóteses e os que trabalhavam por descoberta da relação. No entanto, outras questões podem ser mais bem compreendidas por meio deste estudo. A análise mostrou que a escola é um ambiente mais favorável ao desenvolvimento de modelos gerais de resolução de problemas do que a vida diária; no entanto, a experiência de trabalho mostrou enriquecer os modelos com significado, tornando-os mais eficazes em sua aplicação.

Se nos voltarmos, finalmente, para as implicações deste estudo para a educação matemática, lembremos que o estudo identificou uma estratégia informal de resolução de problemas de escala que não se afasta da compreensão do problema por não introduzir regras de computação arbitrárias, como o algoritmo da regra de três. Talvez os estudantes pudessem aprender mais sobre razões e proporções se fossem levados a lidar com situações como esta, em que o próprio significado do problema resulta no desenvolvimento de uma estratégia informal, próxima à concepção que o estudante tem do problema, mas que respeita as propriedades fundamentais do modelo matemático em questão. O trabalho constante com situações dessa natureza poderia eventualmente levar à introdução do algoritmo, tornando-se a lógica do algoritmo mais transparente para o estudante.

Bibliografia

CARRAHER, D. W. Experiments on measurement and estimates in the classroom. Relatório de pesquisa não publicado, 1985.

CARRAHER, T. N. Intuitive knowledge about rational numbers. Apresentado na 38ème Commission Internationale pour l'Etude et l'Amélioration de l'Enseignement des Mathématiques. Southampton, Inglaterra, julho de 1986.

______; CARRAHER, D. W. Do Piagetian stages describe the reasoning of unschooled adults? *Laboratory of Comparative Human Cognition,* n. 3, 1981, p. 61-8.

______; CARRAHER, D. W.; SCHLIEMANN, A. D. Can mathematics teachers teach proportions? Apresentado no Fifth International Congress on Mathematical Education. Adelaide, Austrália, agosto de 1984.

______. Mathematics in the streets and in schools. *British Journal of Developmental Psychology,* n. 3, p. 21-9, 1985.

______. Proporcionalidade na educação científica e matemática: Desenvolvimento cognitivo e aprendizagem. *Revista Brasileira de Estudos Pedagógicos,* 67 (157), p. 586-602, 1986a.

______. Cultura, escola, ideologia e cognição. *Cadernos de Pesquisa,* n. 57, p. 78-85, 1986b.

______. Proporcionalidade na educação científica e matemática: Uma análise de tarefas piagetianas. *Revista Brasileira de Estudos Pedagógicos,* 67 (156), p. 367-379, 1986c.

CARRAHER, T. N.; CARRAHER, D. W.; SCHLIEMANN, A. D.; RUIZ, E. L. R. Proporcionalidade na educação científica e matemática: Quantidades medidas por razões. *Revista Brasileira de Estudos Pedagógicos,* 67 (155), p. 93-107, 1986.

FAHRMEIER, E. Taking inventory: counting as problem-solving. *The Quarterly Newsletter of the Laboratory of Comparativa Human Cognition,* n. 6, 1984, p. 6-10.

GREENFIELD, P. M.; BRUNER, J. S. Culture and cognitiva growth. In: GOSLIN, D. A. (Org.). Handbook of socialization theory and research. Chicago (IL): Rand McNally, 1971, p. 633-60.

HART, K. Ratio and proportion, In: HART, K. (Org.). *Children's understanding of mathematics.* 11 to 16. Londres: Murray, 1981. p. 82-101.

INHELDER, B.; PIAGET, J. *The growth of logieal thinking from childhood to adolescente.* Nova York: Basic Books, 1958.

KARPLUS, R.; PULOS, S.; STAGE, E. K. Proportional reasoning of early adolescents. In: LESH, R.; LANDAU, M. (Orgs.). *Acquisition of mathematics concepts and processes.* Londres, Academic Press, 1983. p. 45-90.

KARPLUS, R.; KARPLUS, E.; FORMISANO, M.; PAULSEN, A. C. Proportional reasoning and control of variables in seven countries. In: LOCHHEAD, J.; CLEMENT, J. *Cognitive processes and instruction. Research on teaching thinking skills.* Filadélfia (PA): The Franklin Institue Press, 1977. p. 47-104.

PIAGET, J.; INHELDER, B. *La génése de l'idée de hasard chez l'enfant.* Paris, Presses Universitaires de France, 1951.

PIAGET, J.; GRIZE, J.B.; SZEMINSKA, A.; BANE, V. *Epistemologie et psychologie de la fonction.* Paris, Presses Universitaires de France, 1968.

REED, H. J.; LAVE, J. Arithmetic as a tool for investüigating relations between cultura and cognition. In: MASSON, R. W. (Org.). *Language, culture, and cognition. Anthropological perspectives.* Nova York: Macmillan, 1981, p. 437-55.

RESNICK, L. B. Syntax and semantics in learning to subtract. In: CARPENTER, T. P., MOSER, J. M.; ROMBERG, T. A. (Orgs.). *Addition and subtraction:* a cognitive perspective. Hillsdale (N.J.): Erlbaum, 1982. p. 136-55.

SCRIBNER, S. Product assembly: optimizing strategies and their acquisition. *The Quarterly Newsletter of the Laboratory of Comparative Human Cognition,* n. 6, 1984a, p. 11-9.

SCRIBNER, S. Pricing delivery tickets: "school arithmetic" in a practical setting. *The Quarterly Newsletter of the Laboratory of Comparative Human Cognition,* n. 6, 1984b, p. 19-25.

VERGNAUD, G. Didatics and acquisition of "multiplicative strutures" in secondary schools. In: ARCHENHOLD, W. F.; DRIVER, R. H.; ORTON, A.; WOOD-ROBINSON, C. (Orgs.). *Cognitive development research in science and mathematics.* Leeds, The University of Leeds, 1979, p. 190-201.

______. Multiplicative structures. In: LESH, R.; LANDAU, M. (Orgs.). *Acquisition of mathematics concepts and processes.* Londres: Academic Press, 1983, p. 128-75.

Capítulo 7

Álgebra na feira?*

Terezinha Nunes
Analúcia D. Schliemann

Já está amplamente documentado nos capítulos anteriores o fato de que conceitos e habilidades matemáticas podem desenvolver-se no trabalho, gerando estratégias eficientes de resolução de problemas. No entanto, a natureza do conhecimento matemático desenvolvido informalmente ainda não está totalmente esclarecida. Conceitos diferentes que fazem parte do conhecimento matemático podem não ter as mesmas possibilidades de construção fora e dentro da escola, em situações informais e formais de aprendizagem, com ou sem a ajuda de um professor que introduz uma simbolização que facilite a compreensão do modelo. Cada modelo matemático deve ser detalhadamente analisado quanto às possibilidades de construção fora da sala de aula. Mesmo quando uma situação parece ideal para a compreensão de um modelo matemático específico, ainda é possível que a compreensão que o sujeito desenvolve

* Agradecemos à VITAE o auxílio-viagem que possibilitou a apresentação deste trabalho no XI Annual Meeting of the International Group for the Psychology of Mathematics Education, Montreal, julho 1987.

na vida cotidiana seja baseada apenas na aquisição de rotinas de trabalho; este tipo de utilização de estratégias de solução de problemas deve ser diferenciado da compreensão real de modelos matemáticos.

Filloy e Rojano (1984) e Vergnaud e Cortes (1986) argumentaram que a apresentação de situações-problema usando balanças de dois pratos é extremamente útil para a introdução da álgebra, auxiliando o estudante a vencer dois obstáculos que interferem significativamente na compreensão da álgebra na escola: 1) a operação sobre incógnitas; 2) a utilização de um conceito de equivalência distinto dos significados anteriormente atribuídos pelos alunos ao sinal de igual.

O uso de situações significativas para o ensino de álgebra é particularmente interessante porque existem muitos professores de matemática que consideram a álgebra uma situação muito abstrata, sem qualquer correspondente em situações concretas. Quando é introduzida a simbolização algébrica, nota-se, no ensino de matemática, uma verdadeira ruptura do progresso de certos alunos, que pareciam, até então, muito capazes por sua habilidade de lidar com operações aritméticas. A álgebra, por introduzir notações ainda mais distantes de significados específicos, pareceria pouco suscetível de ensino através de situações significativas.

Este estudo analisa as habilidades subjacentes ao uso de balanças de dois pratos na vida cotidiana. Essas balanças são utilizadas com muita frequência em feiras livres de cidades pequenas do Nordeste do Brasil, onde a tecnologia das balanças digitais ainda não atingiu todas as atividades. Nas situações mais comuns, em um dos pratos da balança são colocados os pesos e no outro a mercadoria a ser pesada. Cada balança tem um conjunto de pesos apropriados para o tipo de mercadoria vendida. Para mercadorias vendidas em maiores quantidades como farinha, milho ou feijão, a série de pesos inclui 50, 100, 200, 500, 1.000, 2.000 e 5.000 gramas. Se um freguês pede para levar 350 gramas, os pesos de 50, 100 e 200 gramas são colocados em um prato e a mercadoria é acrescentada no outro até que a balança fique em equilíbrio. Existe também uma solução subtrativa que poderia ser usada neste caso, que consiste em colocar 500 gramas em um prato e 150 gramas no prato onde é colocada a mercadoria. As soluções subtrativas proporcionam prática com operações numéricas envolvendo incógnitas e com a noção subjacente de equivalência. Na solução aditiva, em que de um lado do prato ficam três pesos, um de 200, outro de 100 e outro de 50 gramas, o sujeito precisa apenas somar 200 e 150 para saber qual o peso da mercadoria do outro lado. A equação correspondente seria 200 + 100 + 50 = x, o que não exige que o sujeito opere sobre a incógnita. Na solução subtrativa, no entanto, a equação correspondente é 500 = x + 100 + 50, ou seja, somando x e 150 obtém-se 500, o que significa operar com uma incógnita.

Diferentes habilidades cognitivas podem desenvolver-se como resultado dessa experiência prática. Uma das possibilidades é que os sujeitos aprendam apenas uma rotina para pesar mercadorias, uma vez que existem poucas variações na situação prática. Por exemplo, o vendedor que trabalhe com pesos de 50, 100, 200, 500 e 1.000 gramas, precisa aprender apenas as seguintes situações subtrativas: a) 400 gramas pesa-se colocando 500 de um lado e 100 do outro; b) 450 gramas pesa-se colocando 500 de um lado e 50 do outro; c) 900 gramas pesa-se colocando um quilo de um lado e 100 gramas do outro; d) 950 gramas pesa-se colocando um quilo de um lado e 50 gramas do outro. Dado o pequeno número de regras para a realização das pesagens e a baixa frequência dessas situações, é efetivamente possível que os sujeitos, apesar de trabalharem numa situação que pode ser descrita por um modelo matemático mais complexo, não venham a compreender esse modelo a partir de sua experiência. A memorização de um conjunto tão pequeno de regras de pesagem certamente não está além da capacidade de memória de nenhum dos feirantes. No entanto, por sua própria organização, a situação poderia também proporcionar a aprendizagem de um modelo matemático de equivalências e manipulação de incógnitas, o qual poderia ser transferido para outras situações mais complexas.

Supondo que o feirante viesse a compreender as relações entre os pesos como relações de equivalência, em vez de apenas manipular regras, ainda é possível pensar em duas diferentes formas de organização desta compreensão, em níveis de complexidade diversos. Num nível mais simples, o sujeito compreenderia apenas que as equivalências poderiam ser transferidas para outras medidas, como litros, e para valores básicos diferentes. Nesse caso, podemos caracterizar a competência dos sujeitos como suficiente para resolver incógnitas, mas não para operar sobre incógnitas; a resolução seria, de fato, feita intuitivamente, da mesma forma que fazemos quando resolvemos um problema muito simples representado em álgebra (por exemplo, $4 + x = 6$). Um segundo nível mais complexo, no entanto, também é possível, o qual seria definido por uma compreensão profunda de equivalências e cancelamentos, a qual pode ser aplicada na solução de equações, tal como Filloy e Rojano (1984) e Vergnaud e Cortes (1986) utilizam em situações de ensino. Se este tipo de conhecimento mais profundo for adquirido ao trabalhar com a balança, os feirantes que têm essa prática deveriam ser capazes de resolver espontaneamente problemas mais complexos com incógnitas, ou aprenderiam a resolver esses problemas através de cancelamento com relativa facilidade.

A utilização de entrevistas clínicas em que se averigua tanto a capacidade de utilização espontânea de uma estratégia de operação sobre incógnitas, como a possibilidade de uma aprendizagem rápida, está ligada ao conceito de zona proximal do desenvolvimento, de Vigotsky (1978). Quando um sujeito não usa um conceito que lhe possibilite a solução independente de um problema, mas mostra-se capaz de aprendê-lo com facilidade, Vigotsky propõe que esse conceito situa-se em sua zona proximal de desenvolvimento. Esta é uma situação ideal para a atuação da escola.

Método

O estudo foi realizado em Gravatá, cidade do interior de Pernambuco com aproximadamente 70.000 habitantes. Os sujeitos foram contatados nas bancas da feira ou no interior do mercado durante as horas de trabalho, após os examinadores haverem observado que eles trabalhavam com as balanças de dois pratos. Não houve qualquer tentativa de selecioná-los por sexo, idade ou nível de escolarização.

A coleta de dados foi realizada em duas fases. Na primeira fase, em situação natural de compra e venda, pedia-se ao sujeito para pesar 400 ou 900 gramas de qualquer mercadoria que estivesse vendendo. Justificava-se a quantidade pouco comum para o caso de algumas mercadorias dizendo-se que aquela quantidade era para fazer uma receita e não se podia mudar. Dentre todos os sujeitos contatados, apenas um, que começara a trabalhar na feira há pouco tempo, não utilizou a solução subtrativa neste primeiro momento. Após comprar um ou dois itens do vendedor, as examinadoras apresentavam-se como professoras interessadas nos usos da matemática na vida diária e pediam permissão para apresentar outros problemas. Três vendedores recusaram-se a participar e 28 (6 mulheres e 22 homens, de níveis de escolaridade desde analfabetos até curso secundário completo) concordaram em tentar resolver os problemas.

Na segunda fase do estudo, duas tarefas de transferência foram aplicadas: uma tarefa com volumes e outra com pesos. A tarefa de volumes era uma tarefa de transferência simples, que consistia em mudar a dimensão dos problemas de peso para volume avaliado em litros, mantendo-se a mesma estrutura geral dos problemas da vida cotidiana, ou seja, utilizando-se apenas uma incógnita e a mesma estrutura de valores. Pedia-se a cada sujeito para dizer como ele obteria cinco quantidades (3, 6½, 4, 9 e 9½ litros), usando canecas que permitiam que ele medisse exatamente ½, 1, 2, 5 e 10 litros, podendo usar cada caneca apenas uma vez. Para ajudar a comunicação entre examinador e sujeito, um desenho das canecas, com suas respectivas capacidades em litros (ver Figura 1) era mostrado ao sujeito durante a explicação e resolução do problema. Dois desses problemas (obter 3 e 6½ litros) podiam ser resolvidos através de soluções aditivas. Os demais problemas requeriam soluções subtrativas, paralelas àquelas utilizadas na situação natural com pesos (40, 400, 90, 900 e 950 gramas são sempre obtidas por subtração). Uma vez que não havia qualquer razão para esperar níveis diferentes de dificuldades entre os

FIGURA 1

Desenhos mostrados aos sujeitos na tarefa de volumes

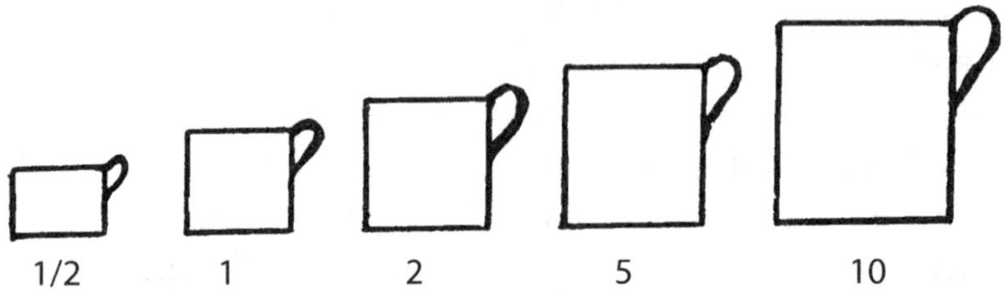

itens, adotou-se uma ordem fixa de apresentação que permitia analisar os efeitos da prática sobre a tarefa.

A tarefa de pesos consistia em apresentar ao sujeito desenhos de balanças de dois pratos em equilíbrio, com pesos e pacotes de mercadorias colocados sobre eles (ver na Figura 2 a lista de problemas com respectivos desenhos). O problema consistia em encontrar o peso exato dos pacotes para que a balança estivesse, de fato, em equilíbrio. Inicialmente, foi investigada a necessidade de utilizarmos materiais concretos (pacotes colocados sobre a balança) para a aplicação da tarefa. No entanto, a situação com desenhos mostrou ser de fácil compreensão pelos sujeitos em uma investigação inicial, sendo de aplicação mais simples.

Três tipos de problemas foram utilizados. Do primeiro tipo faziam parte os dois primeiros itens da lista, que tinham apenas uma incógnita em um dos pratos, e tinham como finalidade apresentar ao sujeito a situação formal da tarefa. No primeiro item, o problema (1 500 g = 100 + x) era essencialmente paralelo àqueles que podem ser observados na vida cotidiana; no segundo, a incógnita era representada por dois pacotes (2x), o que não representa mais uma situação habitual, mas a estrutura do problema permanecia a mesma em termos de complexidade do modelo (2 000 g = 800 g + 2x), pois há apenas uma incógnita em um dos lados da equação. O segundo grupo de itens era formado pelos problemas C e E da Figura 2 que são problemas com duas incógnitas (500 g + x = 100 + x + y; x + y + 900 g = x + 1 000 g),

FIGURA 2

Problemas apresentados aos sujeitos na tarefa de pesos

Equações | Desenhos mostrados aos sujeitos

$1\,500 = 100 + x$

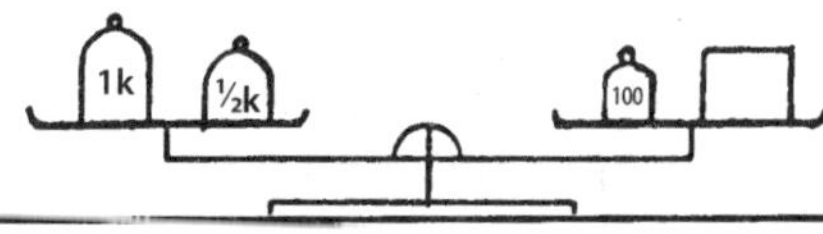

$2\,000 = 800 + 2x$

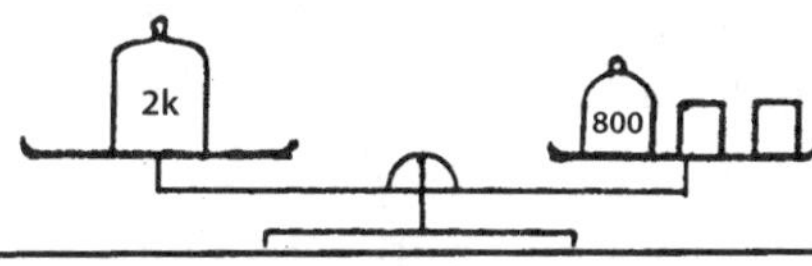

a) $750 + x = 500 + 2x$

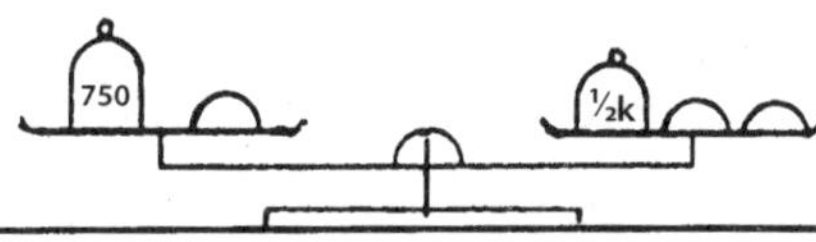

b) $300 + 2x = 100 + 3x$

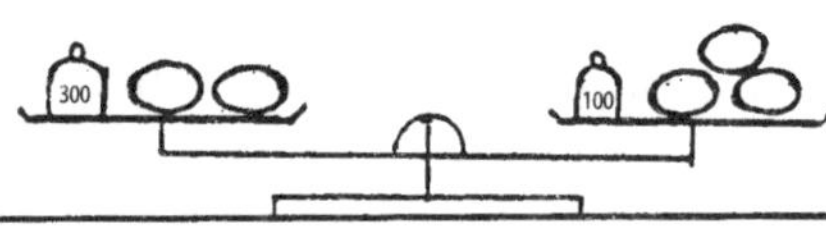

c) $1\,000 + x = 900 + x + y$

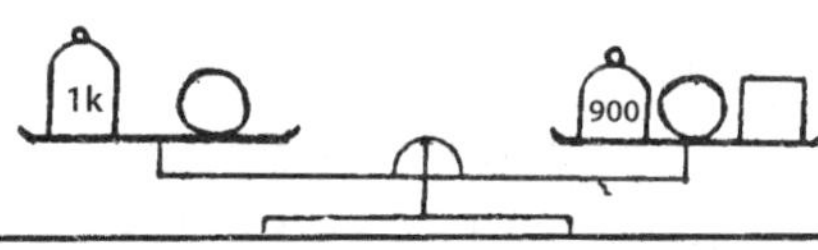

d) $500 + 2x = 250 + 3x$

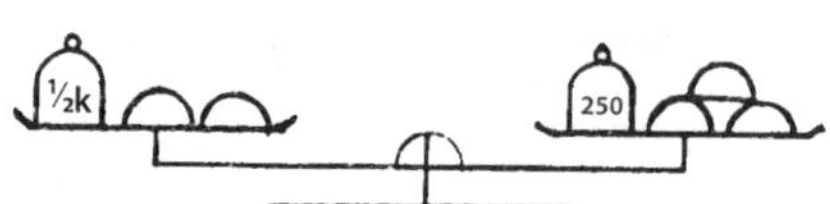

e) $500 + x = 100 + x + y$

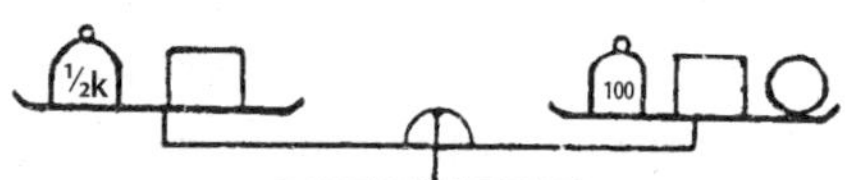

uma das quais não precisava ser resolvida e podia ser cancelada, simplificando o problema e transformando-o em um problema mais simples, com uma incógnita. De fato, o sujeito precisava apenas compreender que, retirando da balança os dois pacotes iguais cujo peso não lhe interessava descobrir, a balança permaneceria em equilíbrio (ou seja, se 500 g + x = 100 + x + y, então, subtraindo-se x dos dois pratos, temos que 500 g = 100 + y e a balança continua em equilíbrio). Neste caso, as diferenças perceptivas entre os pacotes cujos pesos o sujeito não precisava descobrir e o pacote cujo peso deveria ser encontrado poderia facilitar a tarefa. Finalmente, no terceiro grupo de itens foram incluídos três problemas (problemas A, B e D da Figura 2) com uma incógnita em ambos os lados da equação (750 = x + 500 + 2x; 300 + 2x = 100 + 3x; 3x + 250 g = 2x + 500 g), os quais avaliavam se o sujeito havia desenvolvido um modelo lógico-matemático mais geral para compreender a situação, sendo capaz de manipular incógnitas e compreender equivalências algébricas.

Os dois itens de adaptação à tarefa foram sempre apresentados em primeiro lugar. Os demais itens foram aleatoriamente organizados como na Figura 2 e apresentados aos sujeitos em ordem direta, de A a E, ou em ordem inversa, de E a A. Após a resolução correta ou incorreta dos itens apresentados em terceiro e quarto lugares, o examinador demonstrava o uso de um método geral (denominado a seguir "manipulação de incógnitas") para a solução dos problemas por subtração de pacotes iguais dos dois pratos da balança, simplificando o problema. Esse método era apresentado como se fosse o método de resolução usado por um outro feirante testado anteriormente, o qual nos teria dito que seu método era muito fácil. A apresentação de uma estratégia como modelo pelo examinador visava avaliar se sujeitos que não haviam adotado espontaneamente esta estratégia conseguiam aprendê-la após apenas duas demonstrações.

A ordem das duas tarefas formais (volumes e pesos) variou entre os sujeitos. Alguns sujeitos responderam às duas tarefas no mesmo dia. Outros foram testados em dias diferentes com um intervalo máximo de uma semana entre as tarefas. Três sujeitos, após realizarem a tarefa de volumes, não foram encontrados para realizar a de pesos e dois outros não foram encontrados para fazer a tarefa de volumes após terem resolvido a de pesos.

Resultados e discussão

Na tarefa de volumes, todos os problemas aditivos foram resolvidos corretamente e apenas um sujeito não resolveu nenhum dos problemas que exigiam subtração. Provavelmente este feirante havia aprendido, em seu trabalho com a balança, apenas uma rotina que lhe permitia obter os pesos desejados na balança. Uma vez que a ordem de apresentação era fixa, diferentes resultados foram obtidos para os itens com 4, 9 e 9½ litros. Os resultados referentes aos itens subtrativos estão contidos na Tabela 1.

TABELA 1

Percentagem de respostas corretas e erradas por item na tarefa de volumes (N = 26)

	Acertos imediatos	Acertos após pistas	Erros
4 l	46,1	46,1	7,8
9 l	88,5	7,7	3,8
9½ l	96,2	—	3,8

Observa-se claramente um efeito da prática na tarefa pelo aumento na percentagem de respostas corretas do problema com 4 litros para o problema com 9½ litros, no qual apenas o sujeito que não resolveu nenhum dos problemas subtrativos não pôde apresentar a solução correta imediatamente. Embora as respostas corretas imediatas nesta tarefa pudessem ser dadas independentemente da experiência com a balança de dois pratos, o fato de a sugestão para resolver o problema de 4 litros por analogia com a forma de pesar 400 gramas haver ajudado a encontrar a solução pode ser interpretado como uma indicação de transferência de uma tarefa para a outra. No entanto, nossa possibilidade de concluir que os sujeitos de fato aprenderam pelo menos um modelo simples de equivalências fica prejudicada nesse caso pela ausência de um grupo de controle apropriado. Em um estudo posterior, essa comparação será introduzida e as conclusões poderão ser apresentadas de modo mais positivo.

A tarefa com pesos mostrou uma fácil adaptação dos sujeitos nos dois primeiros itens: todos os sujeitos resolveram o primeiro item corretamente e 96% resolveram os dois itens. Este resultado indica que os sujeitos reconheceram a tarefa como semelhante à de seu trabalho com a balança. Os demais itens, onde pacotes de valor desconhecido apareciam em ambos os pratos variaram em dificuldade. Os itens do segundo tipo, onde uma das incógnitas não precisava ser resolvida, foram mais fáceis (72,9% de respostas corretas) do que os do terceiro tipo, onde a mesma incógnita aparecia nos dois pratos (65,3% de respostas corretas).

Duas estratégias diferentes foram observadas na resolução dos problemas, ambas indicando transferência da situação de trabalho para a situação formal. No entanto, cada estratégia parece indicar a transferência de conhecimentos diferentes formados na mesma situação de trabalho.

Uma das estratégias, que denominamos *manipulação de incógnitas,* consiste em tratar o problema como uma situação em que se pode operar sobre as incógnitas sem destruir as equivalências. Neste caso os sujeitos compreendiam, espontaneamente ou após sugestão, que o equilíbrio da balança (ou seja, a equivalência entre os pesos dos dois pratos) seria mantido se pacotes de igual valor fossem retirados de ambos os lados, mesmo que esse valor fosse desconhecido. Essa estratégia foi utilizada pelo menos uma vez por 8 sujeitos (4 espontaneamente e 4 após demonstração pelo examinador) e levava a uma rápida solução para qualquer problema. Os sujeitos que utilizaram esta estratégia espontaneamente o fizeram em todos os itens. Aqueles sujeitos que só utilizaram a estratégia de manipulação de incógnitas após a demonstração do examinador tendiam a generalizá-la a todos os problemas subsequentes. O exemplo do Quadro 1 ilustra a estratégia de manipulação de equivalências.

QUADRO 1

Problema

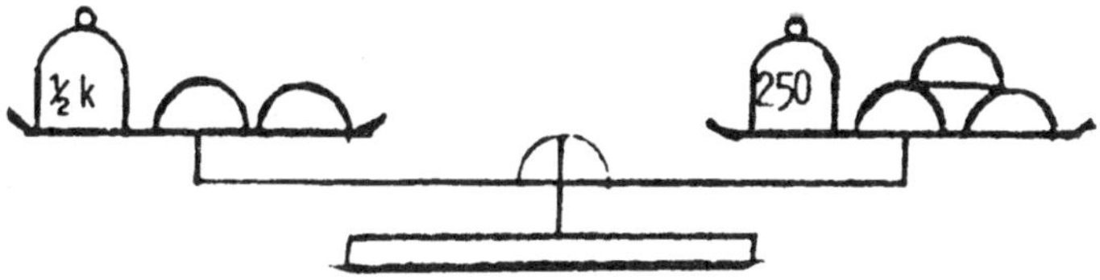

Problema: 500 g + 2x = 250 g + 3x

Sujeito n. 20; sexo: feminino; escolarização: 5ª série.

S (Sujeito): São igual, né? Pronto, aí fica duzentos e cinquenta gramas.

E (Examinador): Nossa, como a senhora é rápida! Como é que a senhora sabe tão rápido assim?

S: Porque os dois são iguais (mostra os dois pacotes em cada lado da balança). Daqui, duzentos e cinquenta, quer dizer que o pacote tá pesando duzentos e cinquenta. Porque aqui tem quinhentos menos duzentos e cinquenta, aí fica duzentos e cinquenta.

O segundo tipo de estratégia, denominado teste de hipóteses, revelava uma abordagem diferente ao problema. Nessa estratégia, os sujeitos compreendiam que as equivalências deveriam ser mantidas, mas nenhuma manipulação de incógnitas era realizada. Os sujeitos, neste caso, tentavam descobrir o valor das incógnitas testando hipóteses razoáveis sobre os dados. As hipóteses podiam ser de dois tipos: sobre o valor de cada pacote ou sobre o valor total em cada prato. Quando a hipótese referia-se ao valor total do peso em cada prato, ela tendia a ser um quilo, dois quilos etc. — ou seja, quantidades habitualmente compradas por fregueses em feiras. Quando a hipótese era sobre o valor dos pacotes, valores menores eram utilizados, como 100, 200 e 500 gramas, correspondendo frequentemente aos valores de pesos usados na balança. O uso do teste de hipóteses sobre os valores de cada pacote é ilustrado pelo exemplo apresentado no Quadro 2.

QUADRO 2

Problema

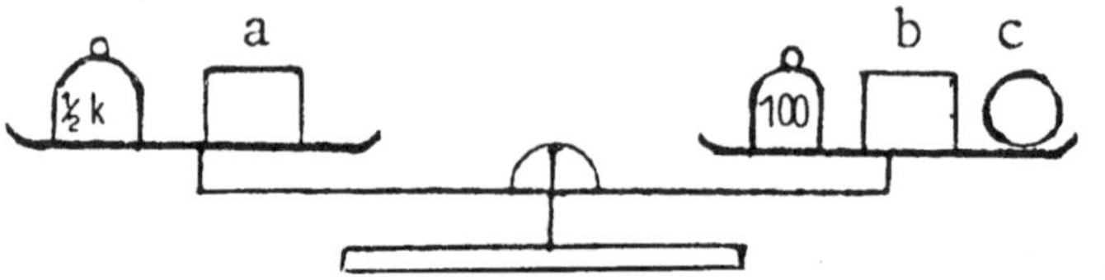

Problema: 500 g + x = 100 + x + y

Sujeito n. 17 — sexo: masculino; escolarização: 3ª série.

S: Cento e cinquenta gramas cada pacote e cem esse aqui. Quer dizer que dá cento e cinquenta e cento e cinquenta, dá trezentos. Com cem, quatrocentos, com cem, quinhentos, meio quilo.

E: Mas peraí, esse pacote tá do lado de cá. Esse tá no prato de meio quilo. [E. explica o problema outra vez].

S: Pode fazer também assim, né? São quinhentos, seiscentos, pode fazer esse aqui, pode fazer seiscentos. Esse aqui [a] dá cem, esse aqui [b] dá cem, [referindo-se aos pacotes representados por x na equação]... esse aqui [c] dá...

E: Esse é igual a esse (confirmando que *a* e *b* devem ser iguais).

S: Pronto! esse aqui pode ser trezentos... duzentos, né isso?

E: Então esse aqui já tava com cem, né? Você fez cem esse. Aí agora quanto vai ser esse [c]?

S: Trezentos [c] quatrocentos [a], quinhentos [100]... [somando os valores em um lado]. Quer dizer que esse aqui [c] pode dar quatrocentos, né?

E: Vamos ver. Veja se com quatrocentos bateu certo.

S: Porque veja, quinhentos com cem, dá seiscentos, né? Seiscentos. Agora tem cem, duzentos [b] com quatrocentos [c] dá seiscentos.

Esse método permitiu que os sujeitos solucionassem vários problemas, porém levando muito mais tempo que o método anterior, uma vez que envolvia um processo de ensaio e erro. Onze sujeitos usaram este método pelo menos uma vez.

No teste de hipóteses sobre o valor total de cada prato, os valores testados eram sempre os mais comumente encontrados nas situações de venda, como um quilo ou meio quilo. Apesar de compreenderem as instruções no sentido de que todos os pacotes iguais deveriam ter o mesmo peso, os sujeitos trabalhando por este método tentavam ajustar o peso do pacote de forma a obter o equilíbrio na balança. Um exemplo deste método pode ser visto no Quadro 3.

QUADRO 3

Problema

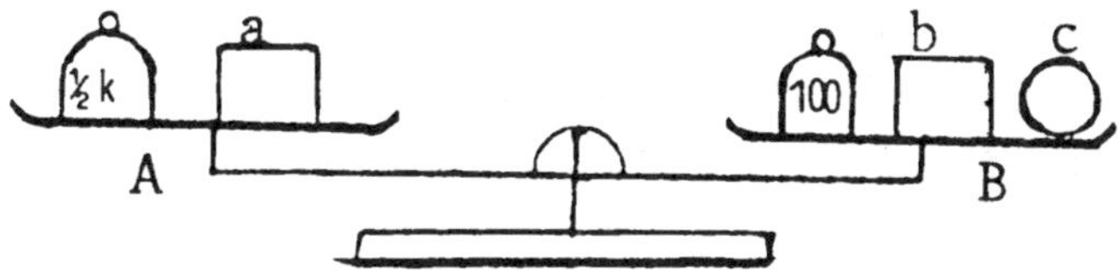

Problema: 500 g + x = 100 + x + y

Sujeito n. 16; sexo: masculino; escolarização: analfabeto.

S: Bem, eu vou completar o quilo aí [A]. Completar o quilo. Aqui é quinhentos [a], com quinhentos [d], são um quilo, né?

S: É, se esse quadrado é quinhentos [a], esse também tem que ser quinhentos [b].

S: Tem que ser quinhentos. É quinhentos... com quatrocentos... e cem. Esse [c] é 400.

E: Já descobriu! Como é que o senhor descobriu que aqui é quatrocentos?

S: Porque tem que ser. Porque aqui [B) é o peso desse [A], né? Eu botei esse [a] quinhentos prá completar o quilo. Aqui [B], prá completar o quilo eu tenho que botar esse de quatrocentos [c] e esse de cem e esse [b] de quinhentos, com a mesma daqui.

Embora esta estratégia não seja a mais adequada para resolver os problemas da tarefa formal, ela é consistente com as exigências da situação de trabalho onde o freguês solicita pesos globais de uma mercadoria, como um quilo ou meio quilo, ou entrega ao vendedor uma porção de mercadoria, o vencedor vai colocando ou retirando mercadoria até obter, por exemplo, um quilo. Esse método foi usado pelo menos uma vez por dez sujeitos.

Os sujeitos que utilizaram os métodos de *teste de hipóteses* mostraram menos consistência que aqueles que utilizaram a manipulação de equivalências. O tipo de teste de hipóteses utilizado foi fortemente influenciado pelos valores contidos no problema. As hipóteses sobre os valores dos pacotes eram mais frequentemente utilizadas nos problemas com duas incógnitas, das quais apenas uma precisava ser resolvida. As hipóteses sobre o peso total em um prato eram mais comuns quando os valores no problema envolviam 250 e 500 gramas e o total em um prato era realmente de 1 000 gramas.

As estratégias diferiram claramente em termos de eficiência, apesar de ser possível obter respostas corretas com qualquer dos três métodos. Quando a manipulação de incógnitas foi utilizada, não se observaram erros. Para o teste de hipóteses sobre os valores dos pacotes, o percentual de acertos foi de apenas 56%. Para as hipóteses sobre o peso total dos pratos, este percentual foi de 65%.

O desempenho na tarefa de pesos foi melhor para os sujeitos com níveis mais altos de escolarização. No entanto, mesmo sujeitos analfabetos (três dentre os quatro testados) conseguiram aprender o método de manipulação de equivalências. Os resultados de uma análise das relações entre escolaridade e desempenho nesta tarefa estão contidos na Tabela 2, onde aparecem os 22 sujeitos para os quais dispúnhamos da informação sobre escolaridade.

TABELA 2

Frequência de sujeitos por número de erros e nível de escolaridade na tarefa de pesos

Erros*	Número de anos de escolaridade							
	0	1/2	1	2	3	4	5	11
0	—	—	—	1	2	1	2	2
1	2	—	—	—	1	—	—	—
2	1	1	3	—	1	—	—	—
3	1	3	—	—	—	—	1	—

* Número total de itens: 7.

A inspeção da Tabela 2 mostra que o efeito positivo da escolaridade não pode ser explicado pelo ensino de álgebra na escola, uma vez que esse efeito se faz sentir a partir da segunda ou terceira série e o ensino de álgebra aparece apenas a partir da quinta ou sexta série nas escolas públicas, que servem às camadas de renda a que os sujeitos pertencem.

Conclusão

A primeira conclusão deste estudo é a de que a maioria dos sujeitos que trabalha com balanças de dois pratos não aprende apenas uma rotina automática para pesar, mas desenvolve, pelo menos, uma compreensão simples de equivalências de medidas, constatada na tarefa de volumes. Embora não se possa atribuir o sucesso na tarefa de volumes exclusivamente à transferência da experiência de trabalho, uma simples referência à forma de pesar via subtração foi suficiente para melhorar o desempenho dos sujeitos que hesitavam na resolução do primeiro item de natureza subtrativa. Em segundo lugar, a transferência do contexto prático para um contexto hipotético, onde o problema era representado através de desenhos e tinha uma incógnita em apenas um dos lados da balança, foi observada em todos os casos. Como terceira conclusão, observamos que a transferência para situações com incógnitas em ambos os lados da balança foi menos frequente e nem sempre era obtida por meios equivalentes ao modelo matemático ensinado na escola para resolver problemas de álgebra. Outros métodos, que evitam as dificuldades dessas situações, emergiram durante a tarefa. Finalmente, deve-se notar que, embora a experiência de trabalho não possa garantir a compreensão da manipulação de equivalências neste tipo de problema, a percentagem de sujeitos que aprenderam este método, espontaneamente ou após demonstração em um ou dois itens, pode ser considerada alta, tendo em vista a pouca ou nenhuma experiência escolar da maioria deles.

Bibliografia

FILLOY, E.; ROJANO, T. From an arithmetical to an algebraic thought. A clinical study with 12-13 year olds. Proceedings of the 6th Annual Meeting of Psychology of Mathematics Education (North American Chapter). Madison, 1984, p. 51-6.

VERGNAUD, G. Introducing algebra to "low level" 8th and 9th graders. Proceedings of the 10th International Conference of Psychology of Mathematics Education. Londres, 1986, p. 319-24.

VYGOTSKY, L. S. *Mind in society:* the development of higher psychological processes. Cambridge: Cambridge University Press, 1978.

Capítulo 8

Cultura, aritmética e modelos matemáticos

A cultura e a mente humana interagem de formas fascinantes. A cultura é produto, entre outras coisas, da mente humana. Por outro lado, a cultura direciona o desenvolvimento da mente de diversas maneiras: aprendemos a língua falada por aqueles que nos cercam, organizamos nossas operações com números de forma consistente com o sistema de numeração usado em nossa cultura, classificamos objetos, pessoas e acontecimentos de acordo com as categorias significativas em nossa sociedade. Nenhuma dessas direções seguida por nosso pensamento precisa ser concebida como a única da qual somos capazes; se tivéssemos nascido em outro lugar, aprenderíamos outra língua, usaríamos outro sistema de numeração e classificaríamos objetos, pessoas e acontecimentos de acordo com outros conceitos. No entanto, crescemos usando esses instrumentos culturais — língua, sistema de numeração — e somos cercados por pessoas que também os utilizam. Nossa tendência termina por considerá-los como naturais, e não culturais; como a maneira correta de organizar sistemas de numeração e sistemas conceituais. A passagem de *correto* para *superior* é um passo muito pequeno e que acontece com muito pouco esforço: frequentemente agimos como se nossas formas de adaptação cultural fossem superiores a outras. Quando a escola transmite maneiras particulares de falar, calcular e categorizar — e, especialmente, quando a escola adota a *nossa* maneira — ficamos ainda mais convictos da perfeição de nossos instrumentos culturais e da inferioridade de outros modos de adaptação às tarefas de representação, comunicação e raciocínio. Os universais dessas funções são obscurecidos pelas diferenças. Frequentemente terminamos por chegar à infeliz conclusão de que as pessoas que usam os recursos intelectuais privilegiados pela escola são, elas próprias, privilegiadas intelectualmente; os outros são, por extensão do mesmo raciocínio, inferiores.

Discutimos nesse trabalho os universais e as peculiaridades na adaptação à mesma cultura de pessoas engajadas em diversas formas de interação numa sociedade complexa, industrializada e repleta de oportunidades para a obtenção de experiências com números. Um dos grupos tem pais instruídos e teve o privilégio de viver cercado, na escola e em casa, dos modos escolares de falar e pensar. São pessoas que aprendem a matemática escolar desde cedo, antes que tenham tido necessidade de utilizá-la fora da sala de aula. O outro grupo vem de camadas pobres da população, em que o lazer necessário à frequência à escola não esteve disponível a seus pais nem a eles próprios na infância; um grupo que provavelmente teve necessidade de utilizar a matemática na vida antes de tê-la aprendido na sala de aula. Quando as crianças pobres começam a frequentar a escola, em geral entre sete e nove anos, a qualidade do ensino que lhes é oferecido e as necessidades de suas vidas são tais que elas provavelmente aprendem mais cedo e mais matemática fora do que dentro da escola. Esses dois grupos de pessoas, utilizando os mesmos universais da mente humana, parecem abordar os problemas de matemática de formas bastante distintas. As diferenças são superficiais ou profundas? Residem no nível dos cálculos ou encontram-se nos modelos matemáticos usados na concepção dos problemas? Há vantagens de uma abordagem sobre a outra? Os modelos ou conceitos usados têm o mesmo poder e a mesma eficiência?

A análise de conceitos

A questão das diferenças e semelhanças entre conceitos aprendidos dentro e fora da escola vem interessando psicólogos por muito tempo nas mais diversas condições de comparação (ver Bruner, 1966; Luria, 1976; Scribner e Cole, 1973; *The Quartely Newsletter of the Laboratory of Comparative Human Cognition,* 1983). A fim de analisar as semelhanças e diferenças entre conceitos, porém, precisamos adotar uma abordagem específica ao estudo de conceitos. No entanto, os modelos teóricos usados nessas análises têm-se mostrado insatisfatórios, por não permitirem comparações mais sutis entre os conceitos resultantes da aprendizagem dentro e fora da escola. Frequentemente, as teorias apoiam-se mais sobre pressupostos a respeito da forma de aprendizagem na educação formal e informal, predizendo, a partir dessas diferentes formas de aprendizagem, a formação de conceitos diferentes. No entanto, as análises hoje existentes sobre as formas de aprendizagem não confimam nem as expectativas sobre como procede a aprendizagem nem oferecem suporte teórico às predições sobre a relação entre formas específicas de instrução e seus resultados. Por exemplo, Greenfield e Lave (1982) sugeriram que a aprendizagem em situações práticas é obtida por observação, havendo poucas verbalizações, enquanto a aprendizagem escolar seria predominantemente verbal. Tem-se proposto (ver Scribner e Cole, 1973) que é exatamente o caráter verbal da aprendizagem escolar que favorece a abstração e a generalização. No entanto, esse pressuposto sobre a ausência de verbalização nas situações cotidianas não foi confirmado, por exemplo, nos estudos de atividades na feira. Ao fazer os cálculos do valor da compra e demonstrar que a quantidade de troco dado é correta, os feirantes o fazem oralmente, explicitando os passos de seu raciocínio como parte da ética da relação vendedor-freguês. Além disso, as próprias explicações sobre que tipo de conceito resulta de que processo de aprendizagem são, frequentemente, feitas não a partir de análises teóricas consistentes, mas constituem explicações geradas após a obtenção de resultados específicos — um tipo de explicação que denominamos *post hoc*, por ser criada após a observação, o que dificulta nossa possibilidade de avaliar se a teoria usada na explicação teria realmente conduzido àquelas previsões (para uma revisão recente desta literatura, ver Dasen, 1987).

Vergnaud (1985) propôs recentemente uma nova abordagem ao estudo de conceitos, que temos utilizado nessas comparações entre os conceitos cotidianos e os escolares. Os conceitos, segundo Vergnaud, envolvem um conjunto de situações, que lhes dão significado, um conjunto de invariantes, que podem ser vistos como as propriedades distintivas do conceito, e um conjunto de *símbolos*, utilizados na representação do conceito. Esses três aspectos dos conceitos não são independentes, mas interligados. No entanto, sua separação para o estudo e comparação de conceitos é extremamente útil.

O *conjunto de situações* usado na escola para a aprendizagem dos conceitos pode ser restrito ou amplo, dependendo da prática pedagógica efetiva de cada professor. No entanto, essas situações estão sempre distanciadas das práticas diárias. Não resolvemos um problema sobre dinheiro na escola usando dinheiro. Não resolvemos um problema de cortar um pedaço de arame em partes iguais, medindo e cortando. Não resolvemos uma divisão de bolinhas de gude entre crianças, distribuindo bolinhas de gude. Além disso, os estudantes, via de regra, não têm um interesse particular na solução do problema e, frequentemente, não tentam nem mesmo avaliar se a solução que encontraram foi razoável. Seu objetivo na escola é utilizar alguma fórmula ou operação que o professor ensinou; aplicado o procedimento, encontrado o número, o problema está resolvido. Em contraste, os modelos matemáticos na vida diária são instrumentos para encontrar soluções de problemas onde o significado desempenha um papel fundamental. Os resultados não são simplesmente números; são indicações de decisões a serem tomadas — quanto dar de troco, que comprimento de parede construir etc. Um resultado errado tem consequências; por isso, precisamos saber avaliar a solução encontrada. Numa venda, ninguém dará de troco mais dinheiro do que recebeu; numa subtração feita na escola, em contraste, não é incomum encontrar estudantes que admitem como resto um número maior do que o minuendo.

Essas comparações indicam que o significado atribuído aos conceitos aprendidos na escola não será exatamente idêntico àqueles significados desenvolvidos na vida cotidiana. No entanto, é ainda possível que os invariantes, as propriedades que definem o conceito, sejam as mesmas. Uma descoberta desta natureza pode não parecer muito nova em psicologia cognitiva, pois é exatamente esta a ideia subjacente à noção de *estrutura cognitiva;* uma estrutura cognitiva é uma organização básica, aplicável a muitas situações. No entanto, Vergnaud, ao usar uma definição de conceitos que trata os invariantes como as propriedades que definem os conceitos e as situações como os eventos que dão significado aos conceitos, mostra que o isolamento total entre uma estrutura cognitiva e sua utilização é teoricamente impróprio. Podemos, para melhor compreender a posição de Vergnaud, pensar nos invariantes como dando a definição do conceito e nas situações como dando a amplitude do conceito. Imaginemos um exemplo simples: o conceito de estações do ano. Podemos ter um conceito de estações do ano definido como as variações climáticas típicas de uma região em certas épocas do ano. Esse conceito gera, no sul do Brasil, a divisão do ano em quatro estações: primavera, verão, outono e inverno. No verão faz calor; no inverno faz frio. Se mudarmos para o nordeste, não precisamos reformular nossa definição de estações do ano; as estações do ano continuam sendo variações climáticas típicas de certas épocas do ano em certas regiões. No entanto, no nordeste, no verão faz calor e no inverno também. A variação climática que distingue o verão do inverno é a presença de chuva. Os *invariantes* de nossa definição de estações do ano permanecem os mesmos; o conceito de inverno muda, porque agora conhecemos novas situações que dão significado à ideia de inverno.

Quando analisamos os *invariantes* de conceitos matemáticos aprendidos na escola e fora dela, é possível que, apesar das grandes diferenças nas situações, encontremos as mesmas propriedades como subjacentes ao raciocínio matemático dentro e fora da escola. Isto não significará que os conceitos sejam idênticos, pois a variedade de situações a que o conceito é aplicado pode não definir, para a aprendizagem escolar e para a aprendizagem informal, conceitos com a mesma extensão. Vimos, em capítulos anteriores, que há no ensino escolar da matemática uma ênfase nas regras, na sintaxe, muito mais do que no significado. Estariam essas regras apoiadas nos mesmos princípios que orientam a compreensão da matemática quando ela está voltada para o significado? Ou teríamos diferentes invariantes sendo aplicados na solução de problemas quando as soluções são geradas semanticamente em vez de sintaticamente?

Quanto à questão da *simbolização*, vimos nos capítulos 2 e 3 que a matemática da rua é predominantemente oral e a matemática da escola é quase que exclusivamente escrita. Que repercussão tem a escrita sobre os conceitos desenvolvidos? Além disso, em situações mais complexas, os conceitos na escola são relacionados a fórmulas, que constituem representações abstratas de relações entre variáveis. Os estudantes aprendem a colocar os valores nas fórmulas e a invertê-las para solucionar diferentes incógnitas. Seriam essas diferenças importantes para o tipo de modelo conceitual que aprendemos? Será que a generalização é facilitada em uma dessas condições de aprendizagem? Seria o modelo conceitual aprendido na escola generalizado com maior facilidade exatamente porque está dissociado de situações particulares? Seriam os procedimentos de resolução de problemas mais significativos na vida do que na escola?

Tradicionalmente, as teorias psicológicas preocupam-se apenas com os invariantes; um conceito é concebido como "o mesmo" se envolve os mesmos invariantes. Por exemplo, falamos em "conservação de número", "conservação de comprimento", "conservação de área" etc. como sendo todos exemplos do mesmo conceito, o conceito de conservação aplicado a conteúdos diferentes. Ao utilizarmos essa abordagem piagetiana ao estudo de conceitos, pressupomos que a criança que demonstra a capacidade de compreender a conservação de número, que é geralmente a primeira aplicação da conservação observada ao longo do desenvolvimento, já é capaz de compreender que duas quantidades continuam iguais quando mudamos apenas sua disposição espacial. A teoria piagetiana tem, desta forma, dificuldades em explicar a chamada decalagem horizontal — por que não se observam todas as aplicações do conceito de conservação simultaneamente, uma vez que a capacidade de compreender que as quantidades independem da disposição de suas partes no espaço já está presente na criança que conserva o número? Ao concentrar-se unicamente na estrutura lógico-matemática (que aqui estamos denominando invariantes), a teoria piagetiana tem dificuldades em explicar as diferenças de desempenho entre situações diversas em que esses invariantes podem ser compreendidos.

Podemos, como na posição piagetiana, tratar os invariantes como demonstrando a capacidade básica do sujeito de raciocinar de forma coerente com uma estrutura lógico-matemática, o que nos permite discutir as semelhanças e diferenças entre a competência matemática desenvolvida dentro e fora da escola. No entanto, isso não significa tratar todos os usos de uma estrutura como definindo um mesmo conceito; a significados e simbolizações diferentes ligados a um só tipo de invariantes corresponderão diferentes modos de analisar e agir durante a resolução de problemas, os quais indicam diferenças na organização conceitual dos sujeitos. Em síntese, embora os invariantes possam ser universais, os conceitos definidos pelos mesmos invariantes não são idênticos, porque as diferenças culturais que operam na criação de situações que dão significado aos conceitos e na eleição de formas de representação resultam em diferentes organizações conceituais.

As questões que nos ocuparão neste capítulo estão relacionadas ao desenvolvimento da competência básica: podem-se desenvolver os mesmos modelos matemáticos básicos na vida e na escola?

Para analisar essas questões faremos aqui uma revisão de dois conjuntos de dados de pesquisas realizadas em Recife sobre conhecimentos matemáticos: o conhecimento de operações aritméticas entre crianças em diferentes situações e o conhecimento de escalas entre mestres de obras. O primeiro grupo de dados refere-se à realização de operações aritméticas entre crianças pobres, às propriedades formais subjacentes à sua maneira de trabalhar e às semelhanças e diferenças entre o cálculo oral e o cálculo escrito. Não está sendo examinado, nesse caso, todo o conceito de operações aritméticas, pois não temos, nestes estudos, dados sobre as situações em que os conceitos são aplicados. A análise volta-se para as propriedades formais das operações, isto é, os invariantes, e as formas de representação usadas na realização das operações. Os dados sobre os mestres de obras referem-se ao conhecimento de um modelo matemático mais complexo utilizado no trabalho. Em seu trabalho, os mestres devem realizar cálculos utilizando sua compreensão de desenho em escala, a qual é um instrumento para a realização de seu trabalho, embora nunca tenha sido objeto específico de aprendizagem em sua experiência escolar anterior. Os detalhes desses estudos apareceram nos capítulos precedentes; neste capítulo, buscamos apenas uma visão geral dos resultados, considerando as diferenças e semelhanças entre a matemática da vida e a matemática da escola. A finalidade dessa análise é a busca de uma conclusão mais geral para as relações entre matemática na vida e matemática na escola.

O conhecimento das operações aritméticas

Os dados discutidos aqui vêm dos estudos narrados em detalhe nos capítulos 2 e 3. As crianças no primeiro estudo eram vendedoras e tinham diferentes fontes de experiência com a aritmética. Na vida, tinham que calcular preços e o troco ao vender. Na escola, tinham que resolver continhas e problemas apresentados em palavras. Na vida, não usavam lápis e papel para calcular. Na escola, as respostas orais não têm reconhecimento em avaliações e exercícios, pois o modo de operar na escola é predominantemente escrito. Na vida, segundo seu depoimento, nunca receberam instrução sistemática sobre como calcular oralmente. Na escola, passaram uma grande parte de seu tempo das aulas de matemática aprendendo como fazer contas. As circunstâncias de sua experiência com matemática diferiam tremendamente na vida e na escola. Essa diferença estaria refletida em sua prática? Suas formas de calcular refletiriam as necessidades de adaptações diferentes a circunstâncias diferentes? Vimos no capítulo 2 uma primeira resposta quantitativa a essa questão. A diferença na proporção de acertos entre a matemática praticada pelas crianças na vida e na escola foi tremenda: 98% de acerto nos problemas resolvidos em sua prática de venda e 37% de acerto nas continhas que seguiam sua prática escolar. Vimos, no capítulo 3, um segundo aspecto dessa resposta: não só a quantidade de acertos varia, mas também o modo pelo qual as crianças raciocinam. Na escola, as crianças aprendem regras para a execução de cada uma das operações, sendo que o conjunto de regras para cada operação tem suas peculiaridades. Por exemplo, ao aprender o algoritmo da soma, as crianças são sistematicamente instruídas a fazerem o alinhamento dos números a partir da direita. Ao aprenderem o algoritmo da multiplicação por dois números, as crianças aprendem a não alinhar os produtos parciais a serem somados a partir da direita, mas a deixarem um espaço de uma "casa" do lado direito. Outro exemplo: para multiplicar, começamos da direita para a esquerda; para dividir, começamos da esquerda para a direita. Os algoritmos de cada operação são ensinados de maneira independente, cada um tendo suas peculiaridades. Ao contrário, vimos no capítulo 3 que a adição e a subtração são realizadas por meio de uma única heurística, a decomposição, sendo tratadas pelas crianças como operações interligadas. Por exemplo, a criança pode, num passo intermediário da decomposição, subtrair mais do que deve e depois somar de volta o que subtraiu a mais. Similarmente, a multiplicação e a divisão são resolvidas por uma única heurística, a dos agrupamentos repetidos, e também são tratadas como intimamente relacionadas. Além disso, a heurística dos agrupamentos repetidos não desvincula a multiplicação da adição, uma vez que os agrupamentos são claramente somados, nem a divisão da subtração, uma vez que as partes distribuídas são claramente subtraídas do dividendo, para que o restante seja dividido a seguir. Nossa questão neste capítulo, no entanto, seria: essas diferenças são superficiais ou profundas? Os diferentes procedimentos utilizam as mesmas propriedades formais das operações ou refletem diferentes concepções das propriedades das operações?

Comecemos pela decomposição, buscando novamente exemplos para avaliar as semelhanças e diferenças entre a decomposição, usada para somar e subtrair, e os algoritmos da soma e da subtração. Tomaremos, neste capítulo, apenas um exemplo; o leitor pode voltar ao capítulo 3 e buscar outros.

A criança estava resolvendo um problema da situação de venda que exigia a subtração 200 – 35. Ela disse: *"Se fosse 30, dava 70. Mas é 35. Então é 65, 165"*.

Observa-se que a criança decompôs o problema em passos, que parecem ser: 1) 200 é igual a 100 + 100; 2) como 100 – 30 é 70; 3) 30 é 35 – 5; 4) então 100 – 35 é 65; 5) e, somando os outros 100 que haviam sido "deixados de lado", para usar a terminologia das próprias crianças, 200 – 35 é 165.

O algoritmo escolar do empréstimo utilizaria os seguintes passos: 1) 200 é igual a 190 + 10; 2) 10 – 5 é 5; 3) 9 (do 190) – 3 (do 35) é 6; 4) 1 – 0 é 1; 5) leia-se o resultado como 165.

Os princípios gerais subjacentes ao algoritmo e à decomposição são os mesmos, isto é, um número é feito de partes, essas partes podem ser separadas, e podemos operar sequencialmente sobre essas partes obtendo o mesmo resultado que teríamos se tivéssemos executado a operação de uma só vez. A essa propriedade da adição e da subtração damos o nome de propriedade associativa. A comutatividade, no caso da adição, também é observada quando as crianças resolvem os problemas por decomposição.

Apesar de serem baseados nas mesmas propriedades formais — e terem, portanto, os mesmos *invariantes* implícitos —, os procedimentos usados na rua e na escola apresentam particularidades interessantes. Primeiro, o algoritmo escolar é realizado na direção unidade, dezena, centena. Em contraste, a decomposição tende a ser feita na direção centena, dezena, unidade. Segundo, no algoritmo escolar os dígitos são esvaziados de seu significado relativo no momento da operação: as dezenas e centenas são "lidas" como se fossem unidades ao ser feito o cálculo. Em contraste, a decomposição preserva o valor relativo: centenas permanecem centenas, dezenas permanecem dezenas. Esta diferença constitui, de fato, uma diferença na *forma de representação,* isto é, nos símbolos usados para a representação durante a execução do cálculo. Ao falar um número, o valor relativo é sempre expresso claramente; dizemos duzentos e vinte e dois e não dois, dois, dois. Ao escrever, o valor relativo é codificado pela posição; escrevemos dois, dois, dois. Essa codificação, mesmo quando compreendida, pode ser deixada de lado nos procedimentos de cálculo apoiados sobre números escritos, sendo recuperada ao final. Terceiro, o modo de decomposição para aplicação da associatividade difere. Se observarmos o exemplo acima, 200 foi decomposto em 100 e 100, pois bastava usar uma nota de 100 para tirar os 35. No algoritmo escolar, 200 é decomposto em 190 e 10. É possível que essas diferenças estejam relacionadas ao próprio modo de simbolização usado nas situações. Na vida, o dinheiro é utilizado como simbolização do valor. As notas mantêm seu valor relativo em qualquer circunstância; ao lidar com elas, cada 100 permanece diferenciado em 200, 300, 400 etc. Na escrita de números, o valor relativo é representado pela posição, não havendo mais a individualidade de cada centena quando um 2, 3 ou 4 aparecem na posição das centenas. Ao lidar com notas, quando adicionamos uma nota de dez em geral contamos o aumento como um aumento de dez, mantendo seu valor relativo, não um aumento de um. Este costume é preservado na adição e subtração feitas oralmente. No entanto, nossa apreciação das diferenças não deve obscurecer a constatação anterior: ambos os procedimentos, algoritmo escolar e decomposição, estão apoiados nas mesmas propriedades formais da adição e da subtração.

Passemos agora para a análise das semelhanças e diferenças entre a heurística dos agrupamentos repetidos e os algoritmos da multiplicação e divisão. Consideremos, primeiramente, um exemplo de multiplicação por agrupamentos repetidos (outros exemplos podem ser encontrados no capítulo 3):

A criança estava resolvendo um problema na vendinha simulada que envolvia o preço total de 15 carros a 50 cruzeiros cada um: *"Dez ia dar 500; 5 dava 250; 750"*.

A criança usou, neste exemplo, os seguintes passos: 1) 10 × 50 é igual a 500; 2) 5 × 50 é igual a 250 (note-se que esta multiplicação por 5 é feita de imediato, provavelmente porque ele dividiu ao meio o produto 10 × 50, o que muitas crianças diziam explicitamente); 3) somando os dois produtos, 500 + 250 é igual a 750. Observe-se que a criança usou, nesta multiplicação, os mesmos agrupamentos que usamos no algoritmo, ou seja, vezes 10 e vezes 5, apenas o fez na ordem inversa. Agrupamentos diferentes também aparecem, como no exemplo abaixo da multiplicação 12 × 50:

"Cinquenta com 50, 100. Cem com 100, quatro carros, dá 200. Oito carros dá 400. Mais 100, dez carros, dá 500. Doze carros, 600".

Usando ou não os mesmos agrupamentos que utilizamos ao calcular pelo algoritmo escolar da multiplicação, a propriedade formal utilizada é a mesma: a distributividade. Podemos multiplicar as diversas partes do número por um fator sequencialmente e depois somar os vários produtos.

A divisão por meio de agrupamentos repetidos também é baseada na distributividade e depende do conhecimento da tabuada de multiplicar, do mesmo modo que o algoritmo escolar. No entanto, como na multiplicação, os agrupamentos escolhidos na matemática oral podem ou não ser os mesmos que aqueles utilizados na matemática escrita. Vejamos um exemplo de divisão em que uma criança resolvia um problema oral envolvendo a divisão de 120 bolinhas de gude para 3 crianças:

> *"Cada um recebe 30, vai sobrar, 3 vezes 30 é 90, vai sobrar... (E: Vai sobrar?) Cada um recebe 30, vai sobrar 30. Então 5 pra cada, dá 15. Vai sobrar... 15. Mais 5 pra cada, dá 15. Cada um ganha 10 e 30, cada um vai ganhar 40".*

A criança resolveu o problema por divisões e subtrações sucessivas, que também fazem parte do algoritmo escolar da divisão. No entanto, as divisões sucessivas não seguiram o mesmo procedimento que seria observado no algoritmo escolar. No exemplo acima, os passos observados foram: 1) 30 × 3 é 90; 2) 120 – 90 é 30; 3) 3 × 5 é 15; 4) 30 – 15 é 15; 5) 3 × 5 é 15; 6) 15 – 15 é 0; 7) 5 + 5 é 10; 8) 10 + 30 é 40. Esses passos diferem do algoritmo escolar porque, na primeira divisão efetuada, a criança usou um quociente que, multiplicado pelo divisor, não aproximava ao máximo o dividendo sem ultrapassá-lo. Os passos para a mesma divisão, seguindo-se o algoritmo escolar, seriam: 1) 4 × 3 é 12 (que é o produto quociente × divisor que mais aproxima o dividendo sem ultrapassá-lo); 2) 12 – 12 é 0; 3) 3 × 0 é 0; 4) 0 – 0 é 0. Os dois últimos passos são conhecidos como "abaixa o zero", uma regra que introduz grande confusão no procedimento e termina por provocar erros em outras operações, pois as crianças de terceira série "abaixam o zero" também na subtração, após terem- aprendido esse procedimento na divisão. A regra de "abaixar o zero" não é interpretada pelas crianças, de fato, do modo como a descrevemos nos passos *3* e *4* delineados acima para o procedimento escolar; as crianças, quando entrevistadas, não conseguem encontrar nenhuma razão para "abaixar o zero" fora a tradicional: "foi assim que a professora ensinou".

A fim de não tornar a análise repetitiva, não apontaremos novamente as diferenças nas formas de representação simbólica usadas no cálculo oral e escrito. Observam-se, na multiplicação e na divisão, as mesmas diferenças apontadas no contraste entre adição e subtração pelos procedimentos oral e escrito: a perda do valor relativo durante o processo de execução do cálculo escrito em contraste com o cálculo oral, provavelmente relacionadas às diferenças entre falar e escrever números e à ênfase no significado ou nas regras.

Implicações educacionais

Enfatizamos, até agora, o fato de que o raciocínio subjacente aos procedimentos não ortodoxos, utilizados na vida, e aos algoritmos escolares é essencialmente o mesmo. Quando analisamos os procedimentos orais no capítulo 3, pudemos encontrar uma descrição mais geral para soluções aparentemente variadas, simplificando os procedimentos orais em termos de duas heurísticas básicas, a de decomposição e a de agrupamentos repetidos. Vimos agora, por meio dessa análise, como essas heurísticas recorrem às mesmas propriedades formais subjacentes aos algoritmos escolares — o que evidencia, portanto, uma compreensão sólida entre os usuários das heurísticas não ortodoxas das propriedades das operações aritméticas. *Se essas crianças não aprendem na escola, não é por incapacidade de compreender matemática.* Desejamos salientar, no entanto, que essa análise não implica abolir o ensino das operações aritméticas na escola sob a alegação de que as crianças já sabem. Os algoritmos escolares têm algumas características que os tornam *amplificadores culturais* da capacidade já existente (para uma descrição desse conceito, ver Bruner, 1966, e Cole e Griffin, 1980). Um amplificador cultural não cria uma capacidade nova: amplia uma capacidade já existente. Em outras palavras, as condições nas quais as soluções escolares são praticadas tendem a promover certos aspectos do conhecimento de operações aritméticas que amplificam o poder das mesmas habilidades de raciocínio quando as pessoas estão resolvendo problemas. Estas condições são, em nossa opinião, o *uso da escrita* e o *apoio constante sobre o mesmo tipo de agrupamento,* os agrupamentos básicos à escrita dos números, ou seja, os agrupamentos decimais. Estas duas características permitem-nos resolver problemas de computação que seriam muito complexos para uma solução oral, pois poderíamos esquecer os números se eles fossem muito grandes. Usando um instrumento — o sistema de numeração decimal representado por escrito pelo valor de lugar — podemos diminuir as exigências de processamento mental simultâneo presentes nos métodos orais, em que devemos, ao mesmo tempo, operar sobre algumas partes dos números e lembrar as partes restantes. Ao escrever, operamos sobre partes, mas não precisamos pensar nas outras ao mesmo tempo; podemos fazer o processamento sucessivamente.

O conhecimento de modelos matemáticos mais complexos

A análise de modelos matemáticos mais complexos descrita a seguir volta-se, como a análise anterior, para os invariantes dos conceitos implicados na resolução de problemas na vida diária. Embora, como foi dito anteriormente, os três aspectos dos conceitos, ínvariantes, situações e simbolização, sejam sempre interligados no próprio conceito, sua separação numa análise teórica facilita a comparação entre modelos conceituais aprendidos na escola e na vida diária. Quando criamos uma situação experimental para estudo, a primeira questão que precisamos examinar é: que efeito tem esta situação na escolha pelo sujeito de modelos e procedimentos para a resolução de problemas. Sabemos que certas situações são particularmente sugestivas de interpretações específicas. Por exemplo, Carraher e Bryant (1987) relatam que problemas verbais que envolvem palavras como *ganhou, achou, comprou* são particularmente sugestivas de adição; palavras como *perdeu, comeu, morreu* são particularmente sugestivas de subtração. Crianças que não têm dificuldades com os *invariantes* da adição e subtração podem, no entanto, ter dificuldade com a extensão desse conceito — ou seja, não reconhecer certas situações como aditivas ou subtrativas. Apesar dos invariantes que definem a adição e a subtração no conceito cotidiano não diferirem dos invariantes que definem esses conceitos na escola, a extensão do conceito cotidiano pode ser diferente da extensão do conceito escolar.

Quando um estudo visa a descrição dos invariantes, ele deve buscar uma situação especialmente favorável à observação do modelo, isto é, uma situação em que exista uma grande probabilidade de que os sujeitos recorram ao modelo que se deseja estudar. Note-se que, do ponto de vista do ensino, essas situações são extremamente propícias à introdução do modelo, pois, através delas, o professor pode explorar melhor o significado do modelo. Ao contrário, quando se deseja estudar a extensão do conceito, é necessário recorrer não a uma, mas a um grande número de situações, para que se possa mapear as fronteiras de utilização do conceito pelo sujeito. No estudo discutido a seguir, nossos objetivos foram a descrição de invariantes. A extensão do conceito foi estudada secundariamente pela apresentação de escalas desconhecidas. Para analisarmos um conceito, é indispensável uma descrição inicial dos invariantes, para que se possa passar, em seguida, ao estudo de sua extensão. Invariantes diferentemente construídos implicam diferentes fronteiras para os conceitos, no entanto, um conceito cotidiano definido pelos mesmos invariantes do conceito escolar pode ou não ter a mesma extensão do conceito escolar.

O conhecimento de escalas

A análise dos dados do estudo com escalas, apresentada no capítulo 6, não será repetida aqui. Nesta discussão, desejamos ocupar-nos apenas das semelhanças e diferenças entre os conhecimentos revelados pelos mestres de obras e pelos estudantes na resolução dos problemas de escala.

A situação de escalas pareceu-nos, quando examinamos o trabalho dos mestres de obras no dia a dia, uma situação particularmente propícia para a observação de conceitos ligados às estruturas multiplicativas. Vergnaud (1983) salienta que essas estruturas, embora tenham elementos comuns com as estruturas aditivas, diferem delas o suficiente para serem tratadas como um novo campo conceitual. Numa estrutura multiplicativa, está pressuposta uma relação de proporcionalidade entre os pares de números correspondentes. Apesar de suas relações com as estruturas aditivas, as estruturas multiplicativas têm peculiaridades e não são redutíveis às estruturas aditivas.

Tomemos um exemplo para esclarecer um pouco esta questão, uma vez que uma discussão detalhada não é do escopo deste trabalho. Vejamos dois problemas, um problema de idade, que é de natureza aditiva, e um problema de escala, que é de natureza multiplicativa.

Problema 1. Quando João tinha 13 anos, Pedro tinha 26. Hoje João tem 23 anos. Quantos anos Pedro tem?

Problema 2. Uma parede de 3 metros está desenhada numa planta com 6 centímetros de comprimento. Qual o tamanho real de uma parede cujo desenho na planta tem 10 centímetros?

No primeiro problema, sabemos que a diferença de idade entre João e Pedro é *constante.* Por esta razão, calculamos a diferença de idade entre João e Pedro e mantemos essa diferença constante para calcular a idade de Pedro hoje. No segundo problema, pressupomos que existe uma *relação proporcional* entre a parede e seu desenho na planta; a diferença numérica não pode, portanto, ser constante. Este exemplo é muito simples mas mostra claramente uma das diferenças mais significativas entre estruturas aditivas e estruturas multiplicativas. O exemplo mostra também a importância das relações lógico-matemáticas implícitas no problema para a escolha do modelo. Nosso conhecimento de que a diferença entre as idades é constante e não muda proporcionalmente à passagem do tempo é usado no cálculo da idade de Pedro. Esse conhecimento não está contido nas instruções do problema; o sujeito é quem decide, a partir de sua compreensão do problema, que ele é relevante. É por esta razão que não podemos insistir em isolar os invariantes lógico-matemáticos de seu campo de aplicação ao analisarmos a resolução de problemas; a escolha do modelo lógico-matemático depende da análise que o sujeito faz da situação-problema.

Nesta análise, pretendemos averiguar se o modelo formal da regra de três e as estratégias informais, usadas pelos mestres de obras, implicam o recurso aos mesmos invariantes como teoremas em ação. A constatação de que os invariantes são os mesmos tem implicações teóricas significativas para a psicologia do desenvolvimento, uma vez que o conceito de proporcionalidade está associado às operações formais. Existem na literatura muitas demonstrações de que as operações concretas podem desenvolver-se na ausência de escolarização, embora a escolaridade formal do tipo europeu pareça facilitar seu aparecimento. No entanto, o acesso ao raciocínio formal entre adultos analfabetos ou semi-instruídos é ainda considerado como questionável, havendo autores (Goody, 1968; Resnick, 1986, por exemplo) que julgam serem as estruturas multiplicativas essencialmente ligadas à aprendizagem formal da matemática. Do ponto de vista de questões práticas, esta constatação é ainda mais importante, especialmente numa sociedade em que se julga ser a escola uma meritocracia — ou seja, um lugar em que o progresso se faz pelo mérito, e não pela seleção social. Ao obtermos evidências de raciocínio formal entre indivíduos excluídos da escola, estamos demonstrando simultaneamente suas habilidades de raciocínio e a incapacidade da escola de aproveitar todos os indivíduos na medida de suas capacidades.

Ao escolhermos a situação de desenho em escala para analisar o desenvolvimento de estruturas multiplicativas fora do ambiente escolar, desejávamos encontrar uma situação propícia para a observação da noção de proporcionalidade. Esta situação, compreendida a partir da vida cotidiana e a partir da experiência escolar, poderia resultar no uso de diferentes estratégias para a solução de problemas, talvez recorrendo a diferentes invariantes. No entanto, a regra de três, consagrada na escola como o algoritmo para resolução de problemas de proporção, não foi utilizada pelos estudantes como esperávamos. Apesar de termos observado um desempenho relativamente bom entre os estudantes, eles recorreram à sua própria análise da situação e não ao algoritmo que haviam aprendido na escola.

O surgimento de uma estratégia comum aos estudantes e mestres de obras na resolução dos problemas de escalas, a estratégia de *descoberta da relação,* revela a importância da compreensão da proporcionalidade nesta situação. De fato, a estratégia de *descoberta da relação* reflete o significado da situação de desenho em escala. Não podendo desenhar um apartamento em tamanho natural, convenciona-se que cada centímetro, por exemplo, no papel deverá representar um metro, ou cada dois centímetros um metro, passando a relação entre este par simples a representar a relação entre todos os pares. O desenho em escala talvez constitua uma situação que favorece a compreensão de dois aspectos importantes do modelo matemático em questão: 1) a ideia da existência de uma relação constante entre dois pares de números (em vez de uma diferença constante, como no caso das estruturas aditivas); 2) a proporcionalidade entre a dimensão do que é representado e sua representação. Vergnaud (1983) apresenta o seguinte diagrama para situações como esta, tomando-se aqui, como exemplo, a escala 1/50:

	Planta		Realidade
	2 cm	————	1 m
× 5			
	10 cm	————	5 m

Este é, segundo Vergnaud (1983), o tipo mais simples de raciocínio dentro de uma estrutura multiplicativa, o que é dominado mais facilmente pelos estudantes, porque mantém inalterada a organização das quantidades representadas. Aumentando-se cinco vezes o tamanho da parede, sua representação no papel também precisa ser cinco vezes maior.

O cálculo do valor da parede, após a *descoberta da relação,* foi frequentemente realizado por meio de adições, em vez de multiplicações. Isso poderia levar-nos à falsa conclusão de que os usuários desta estratégia não dispunham de um modelo de estruturas multiplicativas — estariam, portanto, resolvendo o problema com base em outros invariantes. No entanto, mesmo as soluções por adição mantêm constante a relação simples encontrada inicialmente, e não a diferença numérica entre a parede real e o desenho na planta. Quando o sujeito soma, por exemplo: *"dois centímetros e meio vale um metro; cinco centímetros, dois metros; sete centímetros e meio, três metros"* etc., é a relação entre os valores que é mantida constante. É como se o sujeito dissesse: dois e meio está para um assim como cinco está para dois assim como sete e meio está para três etc. Essa análise nos permite, pois, considerar a estratégia de *descoberta da relação* como tendo os mesmos invariantes do algoritmo da proporção; ambos pressupõem a equivalência de uma série de razões. Observe-se que, na regra de três, essa equivalência é expressa pela própria forma de montagem do algoritmo a/b = c/x. No entanto, a aritmética da estratégia de *descoberta da relação* é perfeitamente transparente quanto ao significado dessa relação constante enquanto que a aritmética da regra de três já não preserva mais o significado.

A comparação entre estudantes e mestres de obras não mostrou apenas semelhanças; mostrou, também, diferenças significativas. A existência de uma estratégia que denominamos *teste de hipóteses* entre os mestres mas não entre os estudantes é uma dessas diferenças. Ao lidar com escalas na vida diária, os mestres adquirem conhecimentos específicos, além de conhecimentos gerais. Na estratégia de *descoberta da relação,* podemos falar num predomínio do que é geral sobre o que é específico; os mestres concebem as escalas como envolvendo uma relação constante qualquer entre os pares de números. Na estratégia de *teste de hipóteses,* podemos falar num predomínio dos conhecimentos específicos sobre os gerais: os mestres sabem quais são as escalas usadas na construção e como identificá-las, não lidando com escalas como qualquer relação entre pares de números, mas como um conjunto limitado de relações entre pares de números. Esses conhecimentos específicos são de grande utilidade na prática e incluem até mesmo um jargão, pois a denotação das escalas por rótulos como "1 por 50" ou "1 por 250" constitui a adoção de um significado particular para essa expressão. É interessante que esse mesmo tipo de rótulo aparece quando, por exemplo, as dimensões de um quarto são especificadas — 3 por 3 indica não uma escala mas as dimensões de um quarto — sem que exista confusão.

O *teste de hipóteses* é uma estratégia que revela o que denominamos conhecimento da arte, em contraste como o conhecimento da matemática, revelado pela estratégia de *descoberta da relação.* O conhecimento da arte inclui, além da utilização de estratégias de solução de problemas de matemática nas situações cotidianas, o conhecimento das escalas que são usadas, de sua denominação e de vários dos pares numéricos gerados pela relação dentro das escalas. Ao trabalhar por *teste de hipóteses,* o mestre de obras utiliza todos esses conhecimentos. No entanto, o método de resolução de problemas que ele utiliza não é generalizável. Apenas as escalas conhecidas geram soluções corretas. A limitação do método, porém, não está na sua concepção matemática, nos invariantes, mas na ausência de descontextualização da noção de escalas. Em vez de buscar *qualquer* relação entre pares de números, os sujeitos que trabalham por *teste de hipóteses* buscam *as* relações que eles já conhecem. Este tipo de desempenho tem levado pesquisadores a considerar as habilidades desenvolvidas na vida diária como "concretas", "primitivas", "de nível inferior" etc. (ver Berry e Irvine, 1986, para uma discussão atual desta questão). No entanto, apesar de apontarmos as limitações do método de *teste de hipóteses,* não consideramos esses adjetivos como apropriados. A estratégia consiste em tratar como razoáveis apenas aqueles valores habituais, sim, mas uma relação entre pares de valores nada tem de concreto.

Implicações educacionais

Uma questão que não podemos deixar de explorar é a validade do ensino de algoritmos para a resolução de problemas de proporção na escola, uma vez que constatamos a existência de outras estratégias para a resolução de problemas de proporção que permanecem próximas ao significado do problema, facilitando sua compreensão, e que são definidas pelo mesmo modelo matemático. Similarmente ao que foi discutido com relação às operações aritméticas, lembramos que a estratégia de descoberta de relações exige do sujeito o processamento de dados simultaneamente à memorização dos dados já processados. O recurso a estratégias que diminuam as exigências de processamento, como um algoritmo que recorre à escrita, é vantajoso, como também é útil a cristalização deste conhecimento em uma fórmula. No entanto, esse recurso, quando desvinculado da compreensão do problema, mostra não ter repercussões sobre a resolução de problemas entre os estudantes. Eles recorrem a uma estratégia significativa, que revelava uma análise adequada do problema, sem reconhecer a utilidade do recurso que haviam aprendido. Resultados dessa natureza sugerem ser o ensino de algoritmos relativamente inócuo, mesmo quando os alunos são capazes de compreender o modelo matemático subjacente, se o algoritmo não for relacionado à compreensão do problema. No caso dos estudantes que resolveram o problema de escalas, constatamos claramente sua capacidade de compreender o modelo matemático subjacente à regra de três, mas um desconhecimento da utilidade deste algoritmo.

Um segundo aspecto a ser salientado é a compreensão do modelo matemático entre mestres de obras, que revela sua capacidade para aprender modelos matemáticos complexos, a qual não foi aproveitada pela sociedade. As entrevistas com os mestres sobre suas atividades práticas revelaram sempre sua necessidade de participar precocemente do mundo do trabalho, gerando renda para suas famílias, o que impedia seu progresso na escola, onde, frequentemente, não se saíam bem.

Em síntese, a análise teórica dos estudos revisados neste capítulo tem resultados da maior importância para a teoria psicológica e a prática educacional. Vimos que, tanto no caso de operações aritméticas como no caso de modelos matemáticos mais complexos, a prática da matemática na vida diária oferece condições para a construção dos mesmos invariantes, definindo uma capacidade básica sólida para a aprendizagem de matemática escolar. Salientamos que estes estudos não resolvem toda a questão; a consideração do alcance de diferentes sistemas simbólicos e as diferentes fronteiras dos conceitos matemáticos ainda merecem estudos detalhados no futuro.

Bibliografia

BERRY, J.; IRVINE, S. Bricolage: savages do it daily. In: STERNBERG, R.; WAGNER, R. (Orgs.). *Practical Intelligence.* Cambridge: Cambridge University Press, 1986.

BRUNER, J. *Toward a theory of instruction.* Cambridge (MA): Harvard University Press, 1966.

CARRAHER, T. N. From drawings to buildings: mathematical scales at work. *International Journal of Behavioral Development,* 1987, n. 9, p. 527-44.

______; BRYANT, P. E. Addition and subtraction as everyday and mathematical concepts. Trabalho apresentado na ISSBD China Satellite Conference, Pequim, julho de 1987.

______; CARRAHER, D. W.; SCHLIEMANN, A. D. Mathematics in the streets and in schools. *British Journal of Developmental Psychology,* n. 3, 1985, p. 21-9.

______. Written and oral mathematics. *Journal for Research in Mathematics Education,* v. 18, n. 2, 1987, p. 83-97.

COLE, M.; GRIFFIN, P. Cultural amplifiers reconsidered. In: OLSON, D. (Org.). *The social foundations of language and thought.* Nova York: Norton, 1980, p. 343-64.

DASEN, P. Savoirs quotidiens et éducation informelle. Document de travail DPSE, n. 22, Universidade de Genebra, 1987.

GOODY, J. *Literacy in traditional societies.* Cambridge: Cambridge University Press, 1968.

GREENFIELD, P.; LAVE, J. Cognitive aspects of informal education. In: WAGNER, D.; STEVENSON, H. (Orgs.). *Cultural perspectives on child development.* San Francisco: W. H. Freeman & Co., 1982.

LABORATORY OF COMPARATIVE HUMAN COGNITION. Culture and cognitive development. In: KESSEN, W. (Org.). *Mussen's handbook of child psychology*: history, theory and method. 4. ed. Nova York: Wiley, 1983, v. 1, p. 295-356.

LURIA, A. *Cognitive development.* Cambridge (MA): Harvard University Press, 1976.

RESNICK, L. Syntax and semantics in learning to subtract. In: CARPENTER, T.; MOSER, J,; ROMBERG, T. (Orgs.). *Addition and subtraction*: a cognitive perspective. Hillsdale (NJ): Erlbaum, 1982.

______. The development of mathematical intuition. In: PERLMUTTER, M. (Org.). *Minnesota symposium on child development* (v. 19). Hillsdale (NJ): Erlbaum, 1986.

______; OMANSON, S. Learning to understand arithmetic. In: GLASER, R. (Org.). *Advances in instructional psychology* (v. 3). Hillsdale (NJ): Erlbaum, 1986.

SCRIBNER, S.; COLE, M. Cognitive consequences of formal and informal education. *Science,* n. 182, 1973, p. 553-59.

VERGNAUD, G. A classification of cognitive tasks and operations involved in addition and subtraction problems. In: CARPENTER, T.; MOSER, I.; ROMBERG, T. (Orgs.). *Addition and subtraction*: a cognitive perspective. Hillsdale (NJ): Erlbaum, 1982.

______. Multiplicative structures. In: LESH, R.; LANDAU, M. (Orgs.). *Acquisition of mathematics*: concepts and process. Nova York: Academic Press, 1983.

______. Concepts et schemes dans une théorie opératoire de la représentation. *Psychologie Française,* v. 30, n. 3-4, 1985, p. 245-52.

Conclusões

As questões que nos ocuparam nestes estudos são problemas vivos, ainda não resolvidos, mas consideramos que algumas coisas nós aprendemos. No capítulo 2, aprendemos que as mesmas crianças que cometem erros absurdos na escola sabem muito bem a matemática de que precisam para sobreviver. Aprendemos, com isso, que não é possível culpar as crianças de seus fracassos na escola: a escola precisa descobrir o conhecimento dessas crianças e expandi-lo. Talvez sua política tenha sido, até hoje, a de reprimi-lo. No capítulo 3, aprendemos que a matemática oral não é caótica; ela é organizada em heurísticas flexíveis, que se ajustam aos problemas, mas que têm uma descrição geral e uma relação definida com as operações aritméticas. No capítulo 4, descobrimos como o ensino de fórmulas, por melhor que fosse, não resolveria alguns problemas da vida diária. Um marceneiro que compra madeira não quer saber simplesmente que volume de madeira vai usar, mas quer saber analisar os móveis em peças a serem adquiridas, respeitando suas dimensões, sem misturá-las. Nos três capítulos subsequentes, vimos como modelos matemáticos mais complexos podem ser construídos pelos sujeitos na organização de suas ações no trabalho, ainda que esses modelos pareçam, em ocasiões, ir muito além das necessidades reais dos trabalhadores. Os cambistas do jogo do bicho lidam apenas com apostas relativas a números, mas muitos deles podem desenvolver uma compreensão de que as tabelas que usam para calcular o preço das apostas lhes permitem saber o número de combinações de quaisquer elementos, ainda que esses elementos nada tenham a ver com o jogo. Os mestres de obras lidam com poucas escalas, mas uma grande percentagem deles desenvolve uma compreensão que lhes permite resolver problemas com escalas que não são usadas em seu trabalho. Os feirantes precisam de poucas regras subtrativas para realizar seu trabalho, mas podem desenvolver uma concepção algébrica das equivalências entre os pesos nos dois pratos das balanças que lhes permite compreender situações que contêm incógnitas dos dois lados do sinal de igual, as quais nunca encontram em sua prática na feira. De um modo geral, aprendemos também que a escolaridade pouco afetava o desempenho desses trabalhadores em seu trabalho. Apenas quando começávamos a investigar a questão da transferência das habilidades desenvolvidas no trabalho para outros contextos é que, em alguns casos, a escolarização mostrou efeitos positivos. Desejamos, agora, refletir sobre as implicações mais amplas desses resultados.

A inteligência na vida cotidiana. Implicações para a psicologia

Durante muitos anos, o estudo da inteligência foi dominado pelos testes de QI. Segundo Sternberg (1986), essa situação teve consequências inesperadas e indesejáveis. Primeiro, a concentração de esforços no desenvolvimento de testes de inteligência desviou a atenção dos estudiosos de um problema mais central, que era uma concepção teórica de inteligência. Os testes eram desenvolvidos para predizer o desempenho em certas situações — de modo especial, o desempenho acadêmico — sem uma teorização mais sólida sobre a natureza da inteligência. Segundo, os criadores e usuários de testes de inteligência tornaram-se, com o tempo, ainda mais resistentes à necessidade de análises teóricas mais profundas. Embora Binet, em seus estudos iniciais, certamente tivesse preocupações teóricas, a linha empirista adotada na mensuração da inteligência tendeu a uma cristalização cada vez maior das concepções psicométricas desenvolvidas para a construção de testes, excluindo a análise teórica da inteligência enquanto fenômeno psicológico. As ideias de fidedignidade da medida foram resumidas nas correlações teste-reteste e as de validade interna foram transformadas em correlações item-item e item-total, dando-se cada vez menos atenção à real utilidade e propriedade do conceito de inteligência subjacente aos testes. Embora todos reconheçam, pelo menos em alguns momentos, que o desempenho acadêmico não é só determinado pela inteligência e que a inteligência não se manifesta apenas num desempenho acadêmico superior, as validações externas dos testes tenderam a ser basicamente suas correlações com o desempenho acadêmico — as quais não são tão altas quanto se poderia pensar — ou com outros testes desenvolvidos anteriormente. Essa abordagem à validação dos testes de inteligência resultou numa concepção essencialmente acadêmica da inteligência, ignorando-se a "inteligência prática", necessária à adaptação à vida diária.

As críticas aos testes de QI enquanto avaliação das habilidades intelectuais de indivíduos não serão repetidas aqui. Poucos desconhecem sua natureza essencialmente cultural, embora, curiosamente, os pressupostos sobre a estabilidade da inteligência ao longo da vida sejam baseados em hipóteses sobre uma dotação genética básica de inteligência para cada um de nós. O que muitos desconhecem é o pressuposto necessário a essa combinação de desempenhos culturalmente condicionados refletindo uma dotação genética básica: o pressuposto de que os indivíduos testados tiveram *iguais oportunidades de aprendizagem,* sendo que aqueles mais dotados aprenderam mais e os menos dotados aprenderam menos. Na ausência da igualdade de oportunidades para a aprendizagem, a aplicação de um teste de QI perde o significado, pois as diferenças de desempenho nos testes passam a refletir também (se não predominantemente) as diferenças entre as oportunidades de aprendizagem. Quando discutimos anteriormente as diferenças nas situações de aprendizagem de matemática disponíveis as crianças das camadas populares e as crianças das camadas dominantes, vimos que o pressuposto de iguais oportunidades de aprendizagem de habilidades acadêmicas não é, de forma alguma, aceitável. Não apenas as crianças das camadas dominantes vivem em ambientes onde as habilidades acadêmicas são mais valorizadas e estão mais disponíveis, como também as escolas que frequentam, a duração de seus turnos, os recursos materiais de natureza acadêmica, as exigências de pais e diretores quanto ao que lhes é ensinado e muitas outras coisas variam. Nesse contexto, a utilização de testes que pressupõem iguais oportunidades de aprendizagem para comparações entre crianças de diversas camadas da população não é apenas imprópria cientificamente; é também um desrespeito às próprias crianças.

Um segundo movimento no estudo da inteligência em psicologia apareceu com a escola piagetiana. Os trabalhos inspirados na teoria de Piaget não se voltam para diferenças individuais — nem para sua mensuração nem para sua explicação. Piaget partiu de uma concepção teórica de inteligência que vê na coerência e complexidade da organização do comportamento humano a base para o estudo da inteligência. Ao concentrar-se nos aspectos lógico-matemáticos do raciocínio, Piaget certamente não esgota tudo o que poderia ser analisado sobre a organização do comportamento humano, mas inegavelmente lida com algo que consideramos estar no cerne do conceito de inteligência. Outros aspectos — por exemplo, a rapidez do raciocínio, a organização conceitual e semântica, a facilidade de aprendizagem de línguas estrangeiras, a facilidade de expressão — ainda fazem parte de nosso conceito diário de inteligência, mas esses não foram estudados e não podem ser discutidos aqui. As aplicações piagetianas à educação (comentadas por Carraher, Carraher e Schliemann, 1986) certamente incluem um pressuposto geral: o de que as estruturas lógico-matemáticas descritas por Piaget participam, de alguma forma, na determinação da aprendizagem escolar da matemática. No entanto, apesar da importância da teoria piagetiana para a educação moderna, essa aplicação simples deve ser hoje questionada. As tarefas piagetianas clássicas investigam, como apontamos no capítulo 1, a explicitação de aspectos lógico-matemáticos implícitos no conceito de número. Tanto por razões teóricas como por razões metodológicas a hipótese de uma relação entre as tarefas piagetianas e a aprendizagem escolar da matemática fica enfraquecida após essa análise. Teoricamente, é perfeitamente possível que um conhecimento tácito, implícito, mas não facilmente explicitável, desses conceitos lógico-matemáticos seja suficiente para a aprendizagem escolar da matemática. Do ponto de vista metodológico, sabemos que as tarefas piagetianas são apresentadas, tradicionalmente, em situações tipicamente acadêmicas, as quais resultam em bom desempenho entre as crianças das camadas dominantes, mas em pior desempenho entre as crianças de camadas populares, como demonstrou Roazzi (1983) em uma comparação entre a resolução de problemas de inclusão de classes em situações informais da vida cotidiana e situações mais formais, mais semelhantes à escola. Finalmente, deve-se salientar ainda que a abordagem piagetiana, por buscar os universais do raciocínio, não envolve a análise de aquisições culturais importantes para a aprendizagem da matemática escolar. Carraher e Schliemann (1983) observaram correlações baixas entre as tarefas piagetianas e a aprendizagem escolar da matemática e hipotetizaram que elas decorrem exatamente da exclusão nas tarefas piagetianas de aspectos culturais relevantes para essa aprendizagem, como o conhecimento do sistema decimal e da representação pelo valor de lugar. De fato, uma tarefa desenvolvida por Carraher e Schliemann que analisava esse conhecimento foi o melhor preditor da aprendizagem de matemática tanto para crianças de escolas públicas como para crianças de escolas particulares.

Contemporaneamente, os mais diversos autores têm proposto uma distinção entre a "inteligência acadêmica" e a "inteligência prática". Os testes tradicionais de inteligência bem como as tarefas piagetianas estariam ligados à inteligência acadêmica, enquanto que a adaptação às exigências da vida cotidiana estariam relacionadas à inteligência prática. Essa distinção faz-se necessária, uma vez que os testes de QI mostram correlações muito baixas com o sucesso profissional (ver, por exemplo, Ceci e Liker, 1986). Mesmo quando se trata de profissões que envolvem níveis de escolaridade mais altos, essas correlações caem em torno de 0,2 (Ver Ghiselli, 1966; Wigdor e Garner, 1982), o que significa apenas 0,04% de variância comum entre os testes de QI e o desempenho profissional. A baixa validade ecológica dos testes de inteligência foi atribuída por Neisser (1976) às diferenças entre as tarefas acadêmicas e aquelas que precisamos resolver na vida cotidiana. Neisser argumenta que as tarefas acadêmicas são criadas e apresentadas aos sujeitos por outras pessoas, tendo frequentemente baixo valor intrínseco. Além disso, elas já estão isoladas como tarefas para o indivíduo e contêm todas as informações necessárias, sem conter informações adicionais. Em contraste, na vida cotidiana os sujeitos devem definir, eles próprios, os problemas a serem solucionados, buscar as informações necessárias e desconsiderar outras informações disponíveis porém irrelevantes, tomando decisões de vários tipos, inclusive de não fazer nada e passar a tarefa a outros.

Scribner e seus colaboradores mostraram que uma boa solução acadêmica para um problema prático pode não ser a melhor solução prática para aquele problema. Scribner (1986) observou a atividade de empacotadores, controladores de inventário e marcadores de preços de laticínios em uma usina de leite e mostrou que o cálculo pelas vias tradicionalmente acadêmicas era menos eficiente e poderia gerar mais erros do que os procedimentos usados por seus trabalhadores experientes. Estes cálculos envolviam, por exemplo, o "arredondamento" de caixas quase completas de mercadoria para caixas completas, cujo preço era conhecido, com subsequente subtração das poucas unidades que faltavam — um procedimento bastante análogo à decomposição, em que as crianças buscavam o arredondamento para dezenas e centenas, fazendo os ajustes necessários posteriormente. Scribner argumenta que esse tipo de desempenho caracteriza a inteligência em ação, e contrasta essa forma de inteligência com a inteligência teórica (preferindo essa dicotomia à anteriormente mencionada entre inteligência prática e acadêmica). A dicotomia usada por Scribner é semelhante à nossa análise inicial, em que distinguimos o conhecimento lógico-matemático enquanto instrumento e enquanto objeto de análise na resolução de problemas. No entanto, enfatizamos aqui que, após uma cuidadosa comparação entre os modelos lógico-matemáticos aprendidos na escola e na vida cotidiana, fomos levados à conclusão de que as diferenças entre essas duas formas de conhecimento são, provavelmente, resultado da adaptação a tarefas diferentes, mas não estão em sua base conceitual, uma vez que os invariantes subjacentes ao conhecimento lógico-matemático desenvolvido dentro e fora da escola parecem ser os mesmos.

Em resumo, os estudos deste livro contribuem para uma visão crítica das abordagens ao estudo da inteligência relacionadas aos testes de inteligência e à teoria piagetiana. Ambas as abordagens pressupõem um indivíduo com características de inteligência que podem ser determinadas independentemente da situação em que ele se encontra — quem sabe algo, o sabe em qualquer situação. Ao criar uma situação experimental para estudo da inteligência, ambas as abordagens pressupõem que esta situação não distorce seu desempenho a tal ponto que o mesmo indivíduo seria "irreconhecível" quanto à inteligência demonstrada em outra situação. Os estudos descritos aqui mostram exatamente o contrário: que a situação social em que o indivíduo age influencia seus objetivos, o que repercute sobre a organização de suas ações de tal forma que seu comportamento pode ser radicalmente diferente quando ele resolve problemas em duas situações sociais diferentes. Os recursos simbólicos que o indivíduo utiliza também podem influenciar seu desempenho, o que implica que falar de inteligência como uma dotação "biológica" é algo muito complexo, pois o acesso a certos recursos culturais (como um sistema de numeração, um sistema de medidas, o trabalho em uma ocupação etc.) influenciam claramente a organização que o indivíduo impõe sobre seu próprio comportamento durante a resolução de problemas.

Esses estudos mostram também que não se pode pressupor uma superioridade do conhecimento desenvolvido na escola sobre aquele desenvolvido fora dela: os mesmos invariantes lógico-matemáticos estão subjacentes à atividade matemática dentro e fora da escola. No entanto, como a escola se ocupa da transmissão de amplificadores culturais da aprendizagem — sistemas de representação, fórmulas, utilização de calculadoras e computadores etc. —, os indivíduos escolarizados passam a ter certas vantagens sobre os não escolarizados. Por exemplo, o cálculo oral, como salientamos anteriormente, exige muito da memória, o que dificulta a atuação do sujeito, quando os números são grandes; a notação escrita não melhora a memória do sujeito, mas elimina os requisitos de memória durante o cálculo, amplificando seu poder de resolução de problemas.

Essa crítica às abordagens correntes ao estudo da inteligência não é apenas um comentário teórico, sem repercussões para a prática psicológica. Ela deve, sem dúvida, acautelar-nos para a utilização dos modelos correntes em psicologia para a *mensuração* da inteligência. As consequências da rotulação de uma criança com números referentes a seu QI ou com níveis de desenvolvimento são sérias demais para que continuemos usando esses procedimentos na prática sem a necessária consideração de seu contexto. De modo especial, essa prática é de valor duvidoso na escola, onde não podemos responder às mais elementares questões sobre um aluno, mesmo após termos "avaliado sua inteligência", como por exemplo, Roberto tem um QI de 90. Está na segunda série. Vai aprender o que lhe ensinarmos? Ou Paulinho está na primeira série e ainda não resolve adequadamente as provas referentes ao início do período operatório concreto. Vai aprender o que lhe ensinarmos? Portanto, ainda que pareça ao psicólogo não pesquisador que as questões que discutimos são acadêmicas, mas não interessam na prática, essa análise deve levar-nos todos a uma reflexão profunda sobre o papel da psicologia na escola.

A escola diante de crianças inteligentes. Implicações para a educação

Ao iniciarmos os trabalhos de pesquisa relatados aqui, tínhamos muitas dúvidas sobre as possibilidades daquilo que, como pesquisadores do desenvolvimento cognitivo, poderíamos oferecer à sociedade para a solução dos graves problemas educacionais que temos. A repercussão dos fatores cuja ação se desenrola independentemente do que ocorre na sala de aula (a desnutrição das crianças, a carência de vagas na escola, as dificuldades de transporte, a necessidade de ingresso precoce das crianças no mundo do trabalho, as distorções na formação de professores, a precariedade das condições de ensino etc.) sobre os acontecimentos dentro da sala de aula parecia tão forte que qualquer esforço para resolver problemas da educação brasileira a partir da própria sala de aula parecia fadado ao insucesso. Se as crianças fossem, de fato, carentes de estimulação para o desenvolvimento intelectual e incapazes de aprender em consequência da desnutrição, como sustentam muitos, a solução dos problemas de reprovação não poderia depender de mudanças na sala de aula. No entanto, os trabalhos de pesquisa relatados neste livro mostram algumas coisas sobre a situação das crianças de nossas escolas públicas que tornam as perspectivas de mudança a partir da sala de aula mais promissoras.

A ideia de que as crianças de camadas populares não têm capacidade para aprender em decorrência dos fatores adversos que atuam em suas vidas desde sua concepção não pode ser aceita diante das evidências. Sabemos que essas crianças organizam sua atividade de resolução de problemas em situações extraclasse de acordo com os mesmos princípios lógico-matemáticos em que precisam apoiar sua aprendizagem de matemática na sala de aula. Portanto, não podemos mais culpá-las pelo fracasso que constatamos em nossas avaliações de sua aprendizagem. O que essa constatação de sua capacidade revela é a existência de contradições na escola — um aluno que já sabe somar não "aprende" a somar. Por isso, não podemos mais adiar a análise das contradições que essa constatação propõe.

Nossos estudos nada podem dizer sobre diferenças individuais — ou seja, por que algumas crianças aprendem e outras não, nas mesmas condições oferecidas pela escola pública. No entanto, podemos dizer muito sobre os problemas gerais que interferem com a aprendizagem das crianças em geral a partir das comparações entre a matemática oral e a matemática escrita.

Quem alguma vez já aprendeu a fazer uma coisa de um certo modo — segurar a raquete de tênis, a agulha de crochê ou o lápis — e depois recebeu instruções para fazer a mesma coisa de outro jeito, sabe como é difícil mudar uma forma de trabalhar já solidificada. As crianças que já sabem fazer conta de acordo com a matemática oral antes de aprender a fazer conta na escola estarão nesta situação. Elas estão habituadas a calcular primeiro as centenas, depois as dezenas, depois as unidades. Agora, depois do ensino escolar, devem fazer o contrário. Estão habituadas a utilizar métodos que se apoiam em símbolos diferentes da escrita de números — por exemplo, usando a contagem nos dedos para calcular ou o dinheiro. Na escola, a professora não gosta que as crianças contem nos dedos e não há dinheiro para ser manuseado. Estão habituadas a resolver problemas em situações significativas e de acordo com métodos que preservam o significado. Na escola, os problemas têm objetivos diferentes e os métodos de cálculo isolam o valor relativo dos números durante a execução. Com tantas diferenças entre os métodos orais e os métodos escritos, não seria surpresa que as crianças que já sabem calcular tivessem dificuldade em reaprender, de acordo com o novo método.

Essas, porém, não são as únicas contradições encontradas na escola. O esforço de uma criança para compreender, por exemplo, pode ser interpretado como dificuldade. Entre as regras implícitas da escola primária existe uma segunda a qual o bom aluno compreende logo o que a professora ensina. Ou compreende ou aceita, não há como distinguir. Quem quiser entender, e por isso perguntar, pode ser identificado como alguém que não entende logo. Quem não se importar em entender, aceitar as regras, quaisquer que sejam, pode ser reconhecido como um bom aluno. Nunca encontramos uma professora que pudesse explicar o que significa "abaixa o zero" quando fazemos uma divisão, mas esta é uma regra que continua sendo transmitida fielmente na escola e empregada fielmente pelos bons alunos — embora eles corram o risco de abaixar o zero quando não devem. O ensino, como ele é hoje, voltado para a transmissão de regras cujo sentido muitas vezes nem as professoras podem encontrar (a casinha vazia nas multiplicações por dois números é mais um exemplo), não tem condições de diferenciar o aluno que não aceita seguir regras sem questionar por que essas regras funcionam e o que simplesmente não entende as regras. Ambos perguntam, mas suas perguntas têm razões diferentes. A escola também não tem condições de distinguir entre o aluno que compreende e o que simplesmente aceita. Quanto mais definirmos a tarefa do aluno como a aprendizagem de uma certa quantidade de regras, mais estaremos criando um ambiente favorável à aprendizagem sem compreensão. Se nossas metas no ensino são a transmissão de regras, elas talvez dependam mais de outros fatores do que do raciocínio, e a compreensão das estruturas lógico-matemáticas não será, nesse caso, nem condição necessária nem condição suficiente para a aprendizagem.

De fato, a análise dos procedimentos orais que fizemos no capítulo anterior mostra-nos que as crianças que faziam a matemática oralmente usavam as mesmas proriedades das operações aritméticas das quais dependem os algoritmos. Se desejarmos concluir algo sobre suas habilidades, seremos forçados a reconhecer que elas têm as habilidades necessárias para a compreensão dos algoritmos. No entanto, elas não aprenderam os algoritmos. Por quê? Tomemos o algoritmo da divisão como exemplo, pois as crianças tiveram 50% de respostas corretas quando resolveram as divisões oralmente em contraste com 4% quando a resolução foi feita por escrito. Examinemos um exemplo, de uma criança que resolveu todos os problemas corretamente e que, quando tentava a solução escrita e não a encontrava, recorria à matemática oral. Ao dividir 100 por 4 no papel (100 bolinhas de gude para 4 crianças), ela montou a conta como a professora havia ensinado e disse: "Um dividido por quatro, não dá; pega o zero. Zero, dividido por quatro, não dá; abaixa o zero (e anotou um zero no quociente). Pega o zero (o segundo zero do 100). Zero, abaixa o zero". Após essa tentativa, que ela mesma tratou como incorreta, chegou ao resultado correto pelo método oral, distribuindo imaginariamente 20 bolinhas para cada um, e, vendo que ainda lhe restavam 20, distribuiu mais 5 para cada, esgotando as 100 bolinhas. Está bastante claro, em sua tentativa de resolução por escrito, que a criança havia aprendido uma parte substancial das regras para a divisão:

1) tomou inicialmente a porção mais à esquerda do número, tentou dividi-la pelo dividendo;

2) isso não sendo possível, tomou a porção seguinte;

3) encontrando zeros, abaixou os zeros;

4) falou os valores como estavam escritos, isolando o valor relativo do valor absoluto.

No entanto, esse procedimento não deu certo — e certamente não tinha qualquer ligação com sua compreensão da divisão. Por que dividir um por quatro se a conta é 100 ÷ 4? Que relação têm esses passos com a distributividade da divisão, que ela utilizou tão claramente ao resolver o problema oralmente? Certamente, de seu ponto de vista (e talvez mesmo do ponto de vista da professora), nenhuma relação. A distributividade, cuja definição as crianças decoram como parte do currículo da terceira série, não tem qualquer relação com os passos do algoritmo na forma em que ele é ensinado: a relação se perde no momento em que deixamos de buscar a compreensão e passamos a ensinar apenas uma sequência de passos. Esta contradição da escola — ensinar um algoritmo que se apoia em uma propriedade matemática como um teorema em ação e ensinar a propriedade apenas como uma definição a ser memorizada — fica por demais clara no exemplo para que nos estendamos mais sobre a questão.

Em resumo, vimos que a educação tem um problema diferente a enfrentar a partir do momento em que não mais aceitamos a hipótese de que "as crianças não aprendem matemática porque não têm capacidade de raciocinar". O problema passa a ser: as crianças, apesar de perfeitamente capazes de raciocinar, não estão aprendendo matemática. Vimos também que as explicações extrassala de aula são insuficientes para lidar com esse problema e que a análise das contradições do que se passa na sala de aula pode auxiliar-nos a compreender melhor o fracasso escolar — ou, quem sabe, até mesmo a encontrar soluções para alguns tipos de fracasso?

O papel das situações concretas no ensino de conceitos. Implicações para a educação matemática

O ensino de matemática no Brasil, após ter sido basicamente formal, foi estimulado pela ideia da introdução de "materiais concretos" na sala de aula. A utilização de materiais concretos é proposta a partir da noção de que as crianças passam por um período em que raciocinam mais facilmente sobre problemas concretos do que sobre problemas abstratos. Essa tendência no Brasil refletiu, é claro, modificações no ensino de matemática em outros países, sendo difícil avaliar até que ponto os materiais concretos realmente invadiram as nossas salas de aula e até que ponto as recomendações de uso de material concreto ficaram no papel. No entanto, a ideia de "concreto" e "abstrato" não recebeu, nem no Brasil nem no exterior, a merecida análise.

Substantivos concretos, aprendemos na escola, são aqueles que designam objetos que podemos ver e pegar; matemática com "materiais concretos" é uma matemática que recorre a bastões, cubinhos, palitos de picolé etc., que podemos ver e pegar. No entanto, qual a relação entre bastões, palitos e cubos e a matemática? Estamos usando os palitos apenas para substituir os dedos? Por que não deixamos a criança contar nos dedos, que ela tem em qualquer lugar e pode usar para resolver contas, e pedimos que ela conte os palitos? A matemática com materiais concretos não pressupõe simplesmente que temos objetos à nossa disposição na sala de aula; pressupõe que estruturamos as relações entre os objetos de tal forma que essas relações refletem um modelo matemático. Os "materiais concretos" são usados porque refletem uma análise matemática particular; de fato, pressupõe-se que, subjacente aos materiais concretos, existem princípios lógico-matemáticos, os quais desejamos ensinar.

Nossos estudos sugerem, no entanto, que não precisamos de objetos na sala de aula, mas de *situações em que a resolução de um problema implique a utilização dos princípios lógico-matemáticos a serem ensinados.* Vimos, no capítulo 3, que não havia diferenças significativas entre o desempenho das crianças de terceira série quando resolviam problemas na vendinha, que era simulada e continha materiais concretos, e nos problemas verbais, que faziam referência a situações da vida cotidiana, sendo estas situações apenas hipotéticas. Os estudos de Hughes (1986) confirmam esses resultados com crianças ainda mais jovens, mostrando que crianças de nível pré-escolar, de três a cinco anos de idade, são capazes de somar e subtrair com números pequenos quase tão bem com materiais concretos como quando resolvem problemas sobre situações hipotéticas de sua vida diária. Hughes observou 83% de respostas corretas em problemas com objetos concretos presentes e 62% de respostas corretas quando os problemas faziam referência a uma situação cotidiana imaginada. Essa diferença, que foi significativa com números pequenos até quatro, aproximadamente, deixou de ser significativa quando os números se tornaram um pouco maiores.

Os materiais concretos mais comumente usados no Brasil visam o ensino do sistema decimal. O material mais conhecido busca refletir a estrutura do sistema decimal utilizando cubos pequenos como unidades, varetas formadas por dez cubinhos como dezenas, e placas formadas por cem cubinhos (10 por 10) como representação material de uma centena. A estrutura do material busca refletir a estrutura do sistema de numeração. No entanto, o material, apesar de ser formado por objetos, pode ser considerado como um conjunto de objetos "abstratos", porque esses objetos existem apenas na escola, para finalidade de ensino, e não têm qualquer conexão com o mundo da criança. Uma representação material pode ser mais concreta, no sentido de que tem mais relações com uma realidade representada, ou mais abstrata, por ter menos relações com a realidade representada — esse grau de abstração não dependendo da possibilidade que temos de ver ou pegar a representação, mas de sua relação com o que está sendo representado. Quando o material concreto não representa uma situação cotidiana conhecida da criança, quando ele não tem relação com a vida da criança, esse material pode, de fato, ser considerado como uma representação material abstrata de princípios matemáticos. Esse tipo de representação do sistema decimal pode ser contrastado, por exemplo, com a utilização da ideia de dinheiro para a construção dos significados essenciais do sistema de numeração. Se o que desejamos transmitir são as diferenças entre valor relativo e valor absoluto, por que não recorrer ao dinheiro, em que o número de notas (valor absoluto) e o valor da nota (valor relativo) são combinados para a identificação do total de dinheiro de que dispomos? A utilização da ideia de dinheiro para o ensino do sistema decimal permite ao professor recorrer a situações cotidianas que a criança conhece bem. Através de representações materiais do dinheiro (por exemplo, fichas de cores diferentes têm os valores de 1, 10 e 100) usadas em classe, o professor pode estabelecer um vínculo significativo entre a matemática da vida e a matemática da escola, tornando a matemática da escola menos acadêmica e mais vinculada aos processos de raciocínio que têm lugar na feira e no mercado.[1] Carraher (1985) observou que até mesmo crianças de idade pré-escolar (entre 5 e 7 anos) mostravam uma compreensão básica de que duas pessoas têm quantidades diferentes de dinheiro se elas têm o mesmo número de notas mas suas notas são de valores diferentes.

O contraste que fazemos entre o ensino por meio de objetos concretos, mas que não têm qualquer conexão com a realidade da criança, e o ensino através de situações cotidianas que a criança conhece bem resulta de nossas reflexões sobre o raciocínio das crianças na vida cotidiana. Na verdade, o que a vida cotidiana oferece não são objetos concretos para manuseio — como vimos quando comentamos a habilidades dos cambistas que usam tabelas para identificar o número de apostas ou dos mestres de obras que calculam dimensões de paredes a partir de seu conhecimento das escalas. O que distingue essas situações cotidianas das situações escolares é o significado que elas têm para o sujeito, o qual, resolvendo problemas, constrói modelos lógico-matemáticos adequados à situação.

A educação matemática, através de situações cuidadosamente estudadas, pode visar à construção de modelos matemáticos pelas crianças, as quais estariam engajadas em resolver problemas cujo significado as orientasse sobre os próprios modelos. Os modelos matemáticos poderiam ser, inicialmente, recriados pelas crianças apenas como teoremas em ação, necessários à solução de problemas, e poderiam apenas posteriormente passar à condição de objeto de análise, quando sua condição de teoremas em ação estivesse solidificada. Não teríamos, é claro,

---

1. A proposta de utilizar a ideia de dinheiro para ensinar o sistema decimal e sua representação escrita pelo valor de lugar, bem como para ensinar algoritmos, vem sendo explorada em uma série de estudos, que farão parte de uma nova coletânea sobre os experimentos em sala de aula.

uma aprendizagem imediata; a busca de solução de problemas não pode ser considerada simples. Também não teríamos todos os nossos alunos resolvendo os mesmos problemas pelo mesmo algoritmo ao mesmo tempo. A liberdade de pensar e organizar diferentes formas de solução é essencial para que o aluno recrie um modelo matemático em ação. Mas teríamos alunos reflexivos, independentes, confiantes em sua capacidade de fazer matemática e dispostos a aprender um pouco mais de simbologia matemática para representar significados conhecidos e ampliar seu poder de solucionar problemas. Como as análises conceituais necessárias a esse tipo de ensino estão apenas começando, precisamos também ter, ensinando a esses alunos, professores reflexivos, independentes, confiantes em seu conhecimento matemático e dispostos a ampliar seus conhecimentos. Esse é um caminho que, esperamos, pode começar aqui.

Bibliografia

CARRAHER, T. N. The decimal system: understanding and notation. In: STREEFLAND, L. (Org.). *Proceedings of the Ninth International Conference for the Psychology of Mathematics Education* (v. 1). Utrecht: University of Utrecht, 1985, p. 288-303.

______; CARRAHER, D. W.; SCHLIEMANN, A. D. Cultura, escola, ideologia e cognição. *Cadernos de Pesquisa,* n. 57, 1986, p. 78-85.

______; SCHLIEMANN, A. D. Fracasso escolar. Uma questão social. *Cadernos de Pesquisa,* n. 45, 1983, p. 3-19.

CECI, S. J.; LIKER, J. Academic and nonacademic intelligence: an experimental separation. In: STERNBERG, R. J.; WAGNER, R. K. (Orgs.). *Practical intelligence.* Nature and origins of competence in the everyday world. Cambridge (UK): Cambridge Universiy Press, 1986, p. 119-42.

GRISELLI, E. *The validity of occupational aptitude tésts.* Nova York: Wiley, 1986.

HUGHES, M. *Children and number.* Difficulties in learning mathematics. Oxford: Blackwell, 1986.

NEISSER, U. General, academic, and artificial intelligence. In: RESNICK, L. (Org.). *The nature of intelligence,* Hillsdale (NJ): Erlbaum, 1976, p. 135-144.

ROAZZI, A. *A influência do contexto social em tarefas lógicas*: explorações sobre a questão do fracasso escolar. Dissertação (Mestrado) — UFPE, 1983.

SCRIBNER, S. Thinking in action: some characteristics of practical thought. In: STERNBERG, R. J.; WAGNER, R. K. (Orgs.). *Practical intelligence,* Nature and origins of competence in the everyday world. Cambridge (UK): Cambridge University Press, 1986, p. 13-30.

STERNBERG, R. J. Introduction: the nature and scope of practical intelligence. In: STERNBERG R. J.; WAGNER R. K. (Orgs.). *Practical intelligence.* Nature and origins of competence in the everyday world. Cambridge (UK): Cambridge University Press, 1986, p. 1-12.

WIGDOR, A. K.; GARNER, W. R. (Orgs.). *Ability testing*: uses, consequences, and controversies. Washington (DC): National Academy Press, 1982.

Sobre os autores

TEREZINHA NUNES — cujos trabalhos publicados entre 1978 e 2000 aparecem sob o nome de Terezinha Nunes Carraher — é titular de Estudos Educacionais da Universidade de Oxford, Inglaterra, e membro do Harris Manchester College. Sua carreira acadêmica iniciou-se com o PhD pela City University of New York. Trabalhou na Universidade Federal de Minas Gerais e, durante 14 anos, na Universidade Federal de Pernambuco, onde os trabalhos deste livro foram realizados. Na Inglaterra, trabalhou na Open University, no Institute of Education, University of London e na Oxford Brookes University. Suas pesquisas investigam a aprendizagem da leitura e da Matemática, incluindo crianças ouvintes e surdas. É autora e coautora de treze livros, entre os quais *Introdução à Educação Matemática*, pela Cortez Editora, e já publicou mais de cem trabalhos em revistas científicas.

DAVID W. CARRAHER é Senior Scientist em TERC, instituição de pesquisa em Cambridge, MA, Estados Unidos, desde 1995. Dr. Carraher foi professor adjunto da Universidade Federal de Pernambuco por 16 anos, onde realizou estudos sobre raciocínio matemático dentro e fora da escola, senso crítico e *software* educativo. Nos últimos 15 anos tem se dedicado à pesquisa sobre a aprendizagem de álgebra na escola primária (earlyalgebra.org). É um dos criadores e líderes atuais do Poincaré Institute for Mathematics Education (http://sites.tufts.edu/poincare/), projeto desenvolvido em colaboração com matemáticos, físicos e pesquisadores em educação matemática da Tufts University.

ANALÚCIA D. SCHLIEMANN foi, durante duas décadas, professora adjunta do Departamento de Psicologia da Universidade Federal de Pernambuco, onde desenvolveu estudos sobre a compreensão de Matemática dentro e fora da escola. Na Tufts University (Medford, MA, Estados Unidos) desde 1994, Dra. Schliemann é hoje Professor of Education, Emérita, e Research Professor no Poincaré Institute for Mathematics Education (http://sites.tufts.edu/poincare/), um projeto da National Science Foundation para pesquisa e preparação de professores nas áreas de ensino de álgebra e funções, com base em suas pesquisas sobre a aprendizagem de Matemática no dia a dia, e sobre a aprendizagem de álgebra (earlyalgebra.org).